野に生きる
サンタのいた日々

重松 博昭

石風社

装画　久冨正美

野に生きる——サンタのいた日々◉目次

野に生きる——サンタのいた日々

第一章　若葉の頃

一　土間ドリンカーの一日

すこぶる順調にいって妻は午後七時過ぎに帰宅する。高校一年の野枝《のえ》、中一の玄一、小四の竜太《りょうた》と、しばしば私の友人達も焼酎と肴《さかな》持参で飛び入りして、わが家の台所兼食堂兼居間である広い土間で夕食を囲む。そこでの主役はもっぱら妻、この年一九九一年四月、担任に就いて間もない公立中学一年二組の話題が大半を占める。前年の秋、彼女は十六年ぶりに教職に復帰したばかりだ。

「今の子供達って黙って人の話ば聞けんとよね。おまけに勝手に席を離れてうろつき回るし。おかげで一日じゅう声を張り上げっぱなしで喉はガラガラ。」

「ほうきでチャンバラしたり、廊下を水浸しにしてスケートしたり、誰もまともに掃除せんけん、私独りでしたとよ。そうそう、ゴミ箱になんが入っとったと思う？　給食のパン丸ごとよ。」

最初はてんでに自分達の学校での出来事を話していた子ども達も、妻の勢いにおされ黙って箸を動かす。私も黙々とお湯割り焼酎の杯を重ねる。いつもガス抜きの役を演じてくれる友人は来ない。

「授業中に虫が飛んできただけで、みんな逃げ回って大騒ぎ。虫やら雑草やら泥やら汚れやら臭いにやたらと敏感なのよね。なにしろ毎日朝シャンしてこな人間扱いしてもらえんらしいけんね。」

「もう、頭にくるっちゃけん。喘息でアトピーの子が配った給食が汚なかけん食べられんやら言い出すとやけん。」

今日は聞き役に徹しなければと心の準備をしていたつもりだったのだが、私の方もだんだんイライラが募ってくる。

「あんた、そげなこと、ここで言うたってしょんなかろうもん。その時、その場で、本人にビシッと言わな。あんたの性根が据わっとらんとじゃなかと。」

「性根とか気迫とかでどげんかなる次元のことじゃなかとよ。四十人の一人一人と立ち向かわないかんとよ。一人一人に事情が、歴史があるとよ。おまけに肝心の親が子どもに正面から向き合わんで、成績のことばっかし教師に注文つけるとやけんね。」

「うーん、確かに今は親の方が問題やもんな。仕事に追われっぱなしで、家庭や地域のことはほっぽらかし……。五、六歳までに人間教育の半分はすんどるし、やっぱ最終的には親が責任とらんとなあ……。それにしても、あんた近頃子ども達の顔ばゆっくり見たことあるね。夕食ん時くらい、少しは子ども達の話ば聞いてやれんとね。」

「わかっとるよ、私だって……」

妻は硬い表情で視線を落とした。子ども達はいつの間にか食事を終え姿を消している。私は一気に生《き》の焼酎コップ一杯を飲み干し、黙りこくっている妻を残して、よろけながら小階段を登り、奥の畳の部屋の寝床に倒れ込んだ。


深酒した時の眠りは、まるで滝壺に真っ逆さまに吸い込まれるようで、束の間の意識の欠落のあと、白々とした日常へと叩き出される。後頭部の鈍痛と生暖かい吐き気をこらえ、六時前、台所に立つ。鍋に水と煮干をいれガスコンロにかけ外に出る。

日の出前の柔らかな風、雲一つない薄い膜のかかったような空、畑や野の一面に初々しい緑が湧きたち、落葉樹の枝々に淡い緑の粒が浮き上がっている。小松菜の幼い葉をつみ、台所に戻った。

　まず弁当二つだ。今日も卵焼きがメインになる。弁当の時は塩をちょっと効かし醤油少々、私は砂糖は入れない。手早く巻いて仕上げは強火。内しっとり外こんがりがいい。あと前夜の残りのほうれん草のおひたしとフキの煮物。申し訳程度に竹輪とウインナーソーセージを添え、玄米飯に焼き海苔を乗せた。

　妻も野枝も支度をすませ土間に下りてきた。沸騰しているだし汁に豆腐とわかめを入れ、一気に炒めた小松菜を加え、味噌を溶き、再び沸騰する直前に火を止めた。

　七時、妻と野枝を乗せ軽ワゴン車で出発。どちらも飯塚方面の学校まで三十分前後だが、バスだと妻は一時間、娘は一時間半かかる。やむを得ず行きだけは送ることにしたのだ。

　車中の話題も学校一色、妻はすっかり元気を取戻して今日の授業をどうしようかと楽しげにしゃべっている。私は前夜の轍を踏むまいと心して耳を傾ける。

　八時半前、家に帰り着いた時には、すでに玄一と竜太は登校している。私は台所の片付けをすませ、北の戸口から飼料置き場兼作業場に移り、米ぬか・魚のアラ・青菜・カキガラを混ぜたバケツを両手に下げ、二十アール弱の段々畑を左右に見ながら、七十アールほどの元栗山へと登った。その雑木林のあちこちに畳二十枚くらいの鶏小屋が四つある。中に入ると、六十数羽の鶏達が餌を求めて渦を巻くように駆け回った。軒下の風呂釜にたまっている雨水をブリキのたらいになみなみと注ぐと、数羽が囲み、嘴に水を含み、天を仰いだ。

土間に入ると、ふっと全身の力が抜け、椅子に座り込んだ。すでに一日分の仕事を終えたかのようにどっと疲れが出てきた。焼酎をコップに注ぎ、口に含んだ。じんわりと巡ってきた酔いが頭の痛みを麻痺させる。金稼ぎに追いまくられるのも嫌だが、髪結いならぬ教師の夫というのもなんとも気の抜けるものだ。別に私ががんばらなくても金は確実に入ってくる。鶏だってやめてもいいのだ。それに寂しい。妻は身も心も教職に浸かり、夢にまでクラスの場面が出てくる有様だ。私はコップの液をあおり、椅子に身を沈めた。

妻と結婚してすぐに、生まれ育った福岡市から何の縁故もないこの地、福岡県山田市（後に嘉麻市）の中小の山々に囲まれた一ヘクタールほどの栗山に移り住んだのは一九七四年七月末だった。妻は二十三、教師をやめ、私は二十四、大学中退、農業の経験も技術もなく、体力は二人合わせて半人前程度、資金は七十万だった。

私は農業というよりゼロから生き直したかった。土の上に返って、自身の手で生活の一つ一つを創っていきたかった。

　上の雑木林の松の木を斧で倒し、枝打ちし、鎌で皮をむいた。スコップで三、四十センチの深さの穴を掘り、その松の丸太を立て、その柱と柱に丸太を乗せ、屋根（トタン）を張った。あちこちからもらったり拾ったガラス窓・トタン・合板等が外壁、一枚百円の古畳が床、内壁・天井はベニヤ板、ざっと三週間で畳八枚ほどの住みかが完成した。費用は十万もかからなかった。

　次は風呂と、五右衛門風呂の釜を捜していた時、運命的出会いがあった。地金屋・ボロ屋のおいちゃんだ。がっしりとした六十年配、岩のように無愛想だが、なぜか最初から気が合った。彼は山田の町をリヤカーで回り、不用品を集め、分類・整理し、リサイクルに送る。時折その手伝いを軽トラックでして、必要な物のほとんどを調達することができた。風呂釜・煙突・材木・トタン・農具・工具・冷蔵庫・洗濯機・鍋・釜・流し・タンス・布団・衣類・自転車・一輪車・リヤカー・ミシン・編み機・脱穀機・とうみ・臼……。なによりも彼から得たものは生きていく力だった。身一つで生きていく心意気だった。いつも彼の所へ行くと、なんとはなしに身も心も軽くなり、少々の事があってもなんとかなるわいと思えてくるのだった。

彼のおかげで風呂、かまど、ストーブと揃い、山から拾ってきた薪でエネルギーのほとんどをまかなうことができた。わがバラックにとって零下五度にまでなる冬の寒さが一番の脅威だった。小屋の真ん中に鋳物の石炭ストーブを据え、ストーブが真っ赤になるほどにガンガンと薪をくべた。

比較的平らな場所の栗を数本切り、スコップで起こし、秋じゃが、大根、白菜と少しずつ畑を作っていったが、三、四年はあたりの山野（わらび・ふき・はこべ・よもぎ等）や、車で十五分の川原（せり・のびる等）の方が収穫が多かった。特に冬の川原の野生化したかぶ菜やからし菜には重宝した。あとは山に放した山羊の乳と鶏の卵。二年目の春から、折よく知り合った農家を手伝い、無農薬の玄米をいただけるようになった。同じ頃、最低限の収入のため採卵鶏百羽の放し飼いを始めた。

大地にへばりついていても生きていくと覚悟が定まっていたからか、確かで軽々とした日々だった。どうにか冬を越すことができて、ちょっぴり自信もついてきた。

妻が妊娠した時、なぜか金や住居のことなど心配せず、山羊やウサギと同様に天からの授かりと有り難く受け、七六年一月、野枝が、七八年四月、玄一が無事生れた。一気に世界が二次元から三次元に広がったような気がした。過去から現在そして未来へと、生命の流れが続くことを実感した。身も心も引締った。

育てたという気がしない。とにかく生きていくことに、共に生活を創っていくことに必死だった。料理、風呂、薪拾い、畑仕事、野草つみ……いつも一緒だった。

玄一が生れてすぐ、おいちゃんが初めてわが山に遊びに来てくれた。彼は開口一番、

「あんたとこの家ち、一目でわかったばい。」

家の周りが、もちろん中もだが、彼の所にあった物ばかりだったからだ。三人で大笑いした。ベビーベッド、たらい、おまる、玩具類も買ったことがない。バレーボール・木琴・ハサミ・タイヤ・けん玉・そろばん……子ども達はおいちゃんの倉《くら》からあれこれと引っ張り出して、彼の許可を得て嬉々として持ち帰った。実に彼のおかげで私達は貧乏暮らしを楽しむことができた。

一番の心配事は子ども達の健康だったが、厳寒期にも特に病気になることもなく、着実に育ってくれた。

もう一つの脅威は台風だった。一九七八年秋、十年に一度くらいの台風が襲ってきた。わが掘っ立て小屋最初の試練だった。もちろん吹っ飛ばされない自信などまったくない。それこそ風任せだった。夜半から荒れ始め、朝になると風は一層強まった。屋根のトタンはガタ

ピシャとのたうち、家中がギシギシと鳴り柱が揺れた。妻は五ヶ月の玄一を抱き私は野枝の手を引いて外に逃げ出した。木々は折れんばかりにしなり草々は波打ち、どす黒い空から雨が斜線を描いて大地に突き刺さる。トタンやベニヤ板、木切れ等が吹っ飛んでいく。

揺れ動く軽トラックを小屋の前の風の陰に移動させ、中で様子をうかがっていた。と、強大な風のかたまりが突進してきた。と思う間もなく二、三十メートル北西の飼料小屋を呑み込み、小屋は一瞬パッと膨れ上がったその直後タガの外れた桶のように分解し残らず吹き飛ばされてしまった。恐ろしい、と同時になんと凄まじい、なんと壮快な。

バリバリという音に向き直ると、今度はわが住みかの屋根が飛ばされようとしている。私は恐ろしさも忘れ釘と金づちと板を引っつかみ梯子を登り屋根にへばりついた。かすかに風が緩んだそのすきにトタンを板で押さえ深く釘を打った。またまた強力な風、私はへばりつく、ガガーン、バターンと轟音、わずかに顔を上げ驚いた。目の前の四畳半ひと部屋分の屋根そっくりが消え、全体が水浸しになろうとしている。

風が少し弱まり、私は起き上がった。屋根は飛ばされたのではなく、隣の屋根にひっくり返っていた。私はただ無我夢中に全身全霊の力を振り絞り屋根を起こし、何度か風に屋根ごと押しつぶされそうになったがどうにか元のさやに戻すことができた。非力な私には平常では到底不可能なことだった。

幸い、このあとすぐに風は収まった。


ささて、わがドリンカーも午後三時になるとさすがに忙しくなる。鶏の夕食と卵取り、卵包み、最低限の畑仕事・掃除、薪の用意等を終える頃には五時近くになる。

竜太が帰ってきてカバンを置くもそこそこに遊びに出る。それを見送った後、さて夕食は何にするかと畑に向かう。まずほうれん草の若葉の密なところから間引きする。次にゴボウをスコップで四、五十センチ汗だくになって掘り、山芋のような根を引っこ抜いた。涼しい風に吹かれて山の南のはずれの杉林に入ると、斜めに立てかけられた一メートル前後のホダ木二十数本からポツンポツンとシイタケが頭をもたげている。最後に小ネギを少し切った。

台所に帰って、塩わかめを水につけ、冷蔵庫からキビナゴを出して塩コショウした。ほうれん草を根もきれいに洗う。ゴボウをタワシで力を込めて隅々まで洗う。皮はむかない。適当なところでワカメを斜めにしたまな板に乗せ水を切る。そぎ切りにしたゴボウをゴマ油で炒め、しんなりとなるかならないかの一瞬、醤油と酒と刻んだ鷹の爪と煎りたてすりたてのゴマを入れ、一気にかき混ぜ蓋をし弱火にしてかすかに芯が残るほどに蒸す。次に水切りしたワカメをそっと切り、酢と蜂蜜と醤油、一味を入れ、そっと混ぜる。シンプルな料理だけに、材料と調味料の質と配合により驚くほど味が変わる。

とまあ、料理とは、たとえ我流の拙いものであっても瞬間の総合芸術なのだが、観客が誰もいないのでは創作意欲も半減するというものだ。出来上がった作品にしても、存分に味わってくれる受け手がいてこそなのだ。

主婦（夫）という芸術家の嘆きの一つはそこだ。受け手がいない。精魂込めて掃除し、洗濯し、料理を作っても、誰もその家事という総合芸術を認めてくれない。その真髄を深く味わおうとしない。

六時、誰も帰ってこない。作ったばかりの料理を肴にお湯割り焼酎を飲み始める。ついため息ばかりが出てしまう。

いつの間にかあたりは深い海の底のような夕闇に沈んでいる。

ふっと十年前、八一年秋にタイムスリップしたような気がした。

新天地での七年目、八十年の秋、台所の薪の火が、私が不注意に置いていたカンナ屑に燃え広がりわがバラックは一気に全焼した。家族四人は無事だった。多くの人々が援助に駆けつけてくれて、新山小屋が一ヶ月ほどで完成した．私たち、特に妻は気力を振り絞ってもう一度生活を一つ一つつくっていった。

翌八一年秋、三番目の子、竜太が元気に生まれた。その三日後、妻が四十度の熱、全身の激痛、すっぽりと全身から力が抜け寝返りさえもできない。敗血症だった。昼夜の点滴もまったく効かず、全身がパンパンにむくむ、急性腎炎併発、心臓に水がたまる、医者は絶望的だともらした……

その夜、真っ暗闇のこの土間に独り泡盛をあおっていた。

幼い頃、死という絶対の暗黒に恐怖におののいた。いつか目の前の大切な人もその暗黒に去るのだと締め付けられるような心痛に襲われたこともあった。

五歳の時母が死んだ。中学の頃祖母が、数年後叔父が、二十二の時父が死んだ。火葬場から昇る煙が大空に溶け込んでいくのを見て、この世の無常がほんのわずかだがわかったような気がした。まったくわかっていなかったと、この夜痛切に思った。親の死はどんなに悲しくても受け入れることはできる。子にとって親とは過去なのだから。自身が生きることすなわち親も生きることなのだから。だが共に生きる伴侶の死とは自身の喪失に、この世界の喪失に他ならない。彼女がいたから、風は自由だった。大地は生きる力だった。

生死をさまようこと五日、病原菌が溶血性連鎖球菌と判明、ペニシリン投与で妻は命をとりとめ、この年の暮れ、私達一家は再出発することができたのだった。

あの時のことを思えば、今は幸せ過ぎるくらいだ……

七時前、竜太、玄一と相次いで帰宅、玄一にキビナゴの天ぷらを、竜太には焼きシイタケのため薪ストーブに火をつけてもらう。七時半過ぎ、野枝と妻も揃い、強火でさっと油炒めしたほうれん草の一品を最後に加え、食卓を囲んだ。私の作品は見る見るうちに平らげられ、賑やかに今日一日の彼等の物語が飛び交った。

やがていつものように妻の独壇場になった。生徒達の自主的活動のためクラスをいくつかの班に分ける時、必ずどこからも拒否される子が出てくる。それもいつもいじめにあっている子とか。

「バカやないと、生徒達じゃなくて教師が分けるしかなかろうもん。」

と言いかけた口に慌てて焼酎を流し込み、飯をかきこんで、後のことは子ども達にお任せして、よろける足で寝床に向かった。

われながらよく持ったものだと思う。とにもかくにも毎朝、妻と野枝を送り続けて三年、子ども達は大学、高校、中学へとそれぞれ進み、野枝は長崎へ巣立っていった。今度は玄一と自転車を妻と共に飯塚方面に送り続けた。

二　サンタ来る

その一九九四年十月半ばの夜九時過ぎ、一時間以上かかって自転車で帰ってきた玄一に夕食を食べさせていると、同僚の車で送ってもらい妻が帰ってきた。これくらいの帰宅が日常になっていた。さすがに疲れは隠せない。彼女もこれまでよく持ったものだ。ただし今夜は表情が生き生きしている。いたずらっ子のような私の顔色を窺うような眼差しで、小さなダンボール箱を抱えて入ってきた。中には体長十五センチほどの子犬が横たわっていた。女子生徒達が登校時に拾ってきて、もらい手のないまま独り職員室に置かれていたらしい。

ぴたりと目が合った。知的で澄んで凛としていた。心と心とがストレートに通じ合えるような気がした。この山で暮らす相棒ができて生きる力が湧いてくるようだった。名をサンタとした。その夜は土間の段ボール箱の中で静かに眠った。

翌朝、いつものように妻と玄一を送り、いそいそと帰ったが土間のどこにもサンタはいない。つい一時間ほど前家を出たときは確かにいた。竜太はすでに出ている。慌てふためいて中学に電話、緊急に竜太に電話させるよう頼んだ。すぐにかかってきた。竜太の声が切迫してかすれている。私が事情を話すと、

「たいがいにしてよね。なんか不幸があったんじゃなかとかて先生達が心配しちょったよ。サンタなら階段の下あたりにおったよ。」

確かに土間から上の部屋への小階段の陰で、雑巾にくるまって眠っていた。よかった、不幸がおきなくて。

午前十時を過ぎて卵取りに向かうと、サンタもチョロチョロとついてきた。細身でひ弱げだが足

腰は結構強い。かすかに色付き始めた栗・小楢・クヌギ等の葉とひんやり乾いた風がさざ波のようにきらめいていた。空は一面おおらかに澄んでいる。薄茶の混じる陰影の濃い緑のあちこちに、イヌタデの赤紫、ミゾソバの可憐な白にピンク、菊をぐっと小さくしたヨメナの黄に白等が浮き上がり、セイタカアワダチの黄やススキのビロード色が揺れている。白に黄土色のサンタはそれらと一体となって流れている。

最後の小屋の卵取りを終えて外に出ると、サンタが消えていた。草の茂みを懸命に探すが見当たらない。畑にも家の回りにもいない。以前は放し飼いの鶏がよく狐に襲われたが、最近はまったく見かけない。まさかカラスが……。土間に入ると、段ボール箱の中に座ってサンタは私を待っていた。

サンタには居住空間として土間と床下が与えられた。これは破格の待遇である。広さだけでいえば家全体が自分の部屋同然なのだから。

ただ先住者がいた。ピョン太、雄の白うさぎ、四、五歳、人間でいえば中年か。うちに来て一年ほど。特に可愛がられてはいなかったが疎まれてもいなかった。それがわが家の伝統だった。この山小屋に私達が住んで十数年、大抵うさぎが一匹同居していた。

中でも最も印象深いのは初代はっぱだ。全身灰色でスリムな筋肉質、目はくっきりと静かな黒だった。朝露に光る刈ったばかりの青草を、シャキシャキと小糠雨が若葉に弾けるような音をたてて、好き嫌いなく残さず食べた。妻が米を研ぎ始めると、どこからともなく彼女の足元に現れ、モミや小米を目を細めてカリカリと一欠けらも残さず食べた。そんな暮らしが一年数ヶ月続いた。

八三年秋のある朝、私が草を刈ってきても、妻が米を研ぎ始めても、はっぱは現れなかった。床下に潜ってみたが、彼女の姿は見えない。土間の隅に小さな穴が掘られ外に抜けるトンネルになっていた。その穴を埋め、戸を開けていたら、昼前に彼女は帰ってきた。

二、三日して、また夜のうちにトンネルを掘って彼女は外出した。こんなことなら昼間の方がまだ安全だろうと、朝から戸を開けておいた。だんだんに彼女の外出時間は長くなり、やがて夜になっても帰ってこないことが多くなった。

三日ほど彼女の姿が見えなかった午後、私が畑から帰ってきて家に近づいた時、はっぱが入口の前で後ろ足だけで立って背伸びをするようにして家の中を窺っていた。彼女は家に入らず、草の林に消えていった。それが彼女を見た最後になった。

翌年の五月、山じゅうに湧き返る緑の中、終日山羊は気の向くままに草や木の葉を食べ、鶏達は自由気ままにうろつき回った。あちこちで野いちごが真っ赤な実をつけた。野枝（八歳）は学校から帰ると一人で山に入り存分にいちごを食べた。

その日も夢中になっていちごを摘んでは口に入れていた。ふっと何者かの気配を感じ顔を上げると、目の前に雄鶏のファンファーレがワナワナと全身の毛を逆立てていた。次の瞬間彼は地面を蹴りたて飛びかかってきた。とっさにその鋭い嘴をかわし彼女は草原に倒れ込んだ。ファンファーレが覆いかぶさるように襲ってきた。その懐深く、忽然と現れた灰色のうさぎ二匹が弾丸のように飛び込み、ファンファーレは甲高い悲鳴をあげ羽を上下させ低空飛行で逃げ去った。野枝が起き上がると、二匹は並んで立ち、一匹があの静かな黒い瞳で野枝を見つめた。声をかける間もなくすぐに二匹は草むらに消えた。

最後の段落は私の夢の中の話である。


ピョン太はサンタの三、四倍の大きさだった。サンタが来た翌夕、両者は顔を合わせた。一メートル以上離れて、それも一瞬だった。どんなに幼くても犬の臭いがするからだろう。ピョン太はぴたりと草を食べるのをやめ、床下の暗がりに飛び込んだ。
五、六日がたつうちに、サンタがいてもピョン太は草を食べ続けるようになった。ある日、トコトコと近づいたサンタは、一緒に遊ぼうとピョン太にじゃれかかった。ピョン太は知らぬ顔でしばらく草を食べていたが、いきなりうるさいとばかりに前足でサンタを引っ掻いた。キャインキャインと大仰に鳴き叫んでサンタは妻の足元に駆け寄った。ピョン太は無表情に食べ続けるばかりだ。

栗、クヌギ等の葉は鈍い黄に、アワダチの花は爛熟した山吹色、すすきは枯れた白へと季節は流れ、朝の冷たさが手足に応えるようになった。サンタは無類の寒がりだった。早朝、私が土間に下りると、ブルブルと震えながら駆け寄ってきた。私はセーターの中に彼を入れ、朝食と弁当を作った。玄一が起き出してくると、サンタは玄一のセーターの中に移った。日が出ると、暖かな柿色の日差しを浴びサンタは黄緑の草はらを跳ね回った。エノコログサの穂の群れが綿菓子の棒のように浮かんでいた。

この十月末で急に妻は丸四年続いた教職から退くことになった。長期病休していた教諭が復帰したからだ。続けようと思えば職はあった。山田中学にどうかという話もあった。だが彼女はこのへんが潮時と感じたようだ。竜太も心配だった。彼が通う山田中学も荒れていた。授業が成り立たない学級崩壊寸前のクラスもあったし、教師が生徒に殴られたり、大量の窓

第一章　若葉の頃

ガラスが割られたり、落書き事件、ボヤ騒ぎ……と事は絶えなかった。そのボヤの発見者が竜太だった。一つ間違えると放火犯と疑われるところだ。まだまだ腰が落ち着かず、子供から思春期への危うい時期、じっくりと付合っていかねば。

それなら山田中学を教師として少しでも改善したらと妻も思わないでもないのだが、親子が教師と生徒など両方にとってやりにくいものだ。何より彼女は心身共に疲れ果ててしまったようだ。彼女に限らずほとんどの教師がもはや限界というのが学校の現状のようなのだが。

私にとっては妻がもどることは朗報だった。サンタがやってきて、いいことが続くような気がした。収入が激減することもあって、いつになく仕事に精を出した。とりあえず鶏を三百から倍に増やすことにした。畑や果樹もせめて自給分くらいは色々と作りたい。まず山の草刈から始めた。

その日は夜半から底冷えがきて、翌早朝の冷たさは身体の芯まで震えあがらせた。サンタをしばらくセーターの中で抱いても、彼の震えはいつものようには止まらなかった。鼻は乾き目の光が乏しい。一口も食べない。妻と私と車で飯塚の病院に連れて行った。肺炎だった。彼のベッドであるダンボール箱に毛布を敷き湯たんぽを入れた。気持ちよげに彼は横たわった。二、三日で回復したが、湯たんぽは欠かせなくなった。

昼間から火の恋しい季節になった。私は鋸を手に鶏山を登った。栗やクヌギの葉が赤茶に染まり、時折訪れる寒風の渦によってザワザワと枝々から解き放たれていった。黒い三角の種をつけたミゾソバ、赤黒くしぼんだイヌタデ、種だけになったエノコログサ……、数日前の降霜でほとんどの草々が枯れてしまった。

上の雑木林の奥は常緑樹が黒々と茂り深閑と冷たい。ふっと見上げると落葉樹の黄紅葉が光の群れのようだ。鶏小屋を新築するため丸太を切り出さなければならない。杉、檜はなく、クヌギ、樫等から曲がりの少ない木を選ぶ。まず二メートル半の柱十二本。倒す方向を決め、鋸で二、三センチの深さの切れ目を入れ、反対側から本格的に切っていく。やがて木は傾き始め、バキバキと林の中に倒れ込む。最初につけた切れ目と合えば、すっぱりと切り株を離れる。枝を落とし、二メートルほどに揃え、一箇所に集めておく。半年もすればいい薪になる。柱と柱の頭に差し渡す四メートルの木を捜すのが一苦労だ。薄暗くなる頃には、身体じゅうがグタグタヘナヘナで心底腹が減る。

土間の薪ストーブに火をつけていると、サンタが寄ってきた。初めての経験だが、近づきすぎることはなかった。ピョン太も時々床下から出てきて、ストーブの近くに寝そべった。夜は四人と二匹、ストーブを囲んだ。

ある夕、ストーブのそばに長々と横になっていたサンタが突然けたたましい悲鳴をあげ飛び上がった。忙しく食事を作っていた妻がストーブの上の薬缶の熱湯をこぼしたのだ。とっさに彼女はサンタを流しに抱き上げ、蛇口を全開にして水を下腹から胸にかけた。よほど痛かったのか彼は妻の手をガブリと噛んだが血はにじまなかった。下腹部全体がただれていた。火傷専門病院秘伝の生薬液をつけると、サンタは逃げ出し五右衛門風呂のかまどに入り込み、灰まみれになって傷をなめた。

夜も更けて、土間に独り残るサンタがなんとも心細げだったので、妻は段ボール箱ごと彼を彼女の寝床のそばに移した。夜中、妻がふと目覚めると、闇の中サンタはじっと無言で座り、黒々と澄んだ両眼で宙の一点を見つめていた。

そのことを妻から聞いた時、四十年も前の思いが込み上げてきた。

私が生まれた一九五〇年から六十年代にかけて、戦後日本復興の時代だった。私が育った福岡市南区は、当時雑木林や田畑や原っぱばかりで、池や小川もあちこちにあって、子供の遊び場には事欠かなかった。兄達について雑木林を歩き回り、さくらんぼ・ぐみ・やまもも・むく・みそんちょ等を食べ、竹や草ですみかを作った。木切れを集めて筏を組み、深緑の池に浮かべ、カエルを餌にザリガニや鮒を釣った。父はサラリーマンだったが、家の前に三十坪ほどの畑があり、山羊や鶏も飼っていた。母の死という重大事はあったが、小学二年の時やってきた継母のおかげもあって、両親に姉一人、兄二人の家庭はまあ円満だった。

ただ私は肺炎、喘息等病弱、弱虫で、子供らしくないというか溌剌さがないというか、無垢で怖いもの知らずの限りないエネルギーといったものには無縁で、生きることの一つ一つが面倒だった。特に対人関係、世間、学校……。四つ上の次兄のおかげで小学校には一応通い始めたが、広い校庭に芋の子を洗うように屈託のない笑顔の子供たちが遊び回るさまは、驚異であり脅威だった。

小学二年の冬、難治のアトピー性皮膚炎で、長兄のこぐ自転車の後ろに乗せられ、薬院の病院に通ったが、全身のあちこちが化膿、両太ももの付け根のリンパ節がはれ、寝たきりだった。昼はまだ色々と気が紛れていい。夜の長いこと。必ず夜半に目覚め、それから眠ることができずただ闇を見つめ、南方のガラス戸がかすかに白み始めるのを待った。

その時、子供心にも、生きるということ、そして死ぬということの闇の深さを感じた。いや、子供心だからこそ、より痛切に直に感じたのかもしれない。この闇の中を一体どう生きていけばいいのかと途方にくれ、同時になぜか冷めた諦念とでもいうしかない思いが沈殿していった。

サンタは幸い傷が浅かったのか寝込むこともなく、数日後には以前よりも溌溂と寒々と空っぽになった山野を駆け回った。

年が明けて、一九九五年二月に入った。晴れた夜は蓋のない鍋だ。天から冷える。トタン屋根がミシミシと凍りつく。早朝、雲一つない大空が一面の氷に見える。下界は正真正銘の氷の世界だ。足先も手の指も凍りつくようだ。身も心も張り詰める。

日の出とともに下界のすべてから厳しい無垢の光が発せられる。それも一瞬だ。瞬くうちに霜は水になり春の光が充満する。一、二時間後には、初夏を思わせる日差しが照りつけ、気だるい風に梅の花びらが舞った。

サンタはだんだんに遠出するようになり、時折姿が見えなくなった。

私には強い思いがあった。何度か犬を飼ったが、ほとんどが単なる番犬でしかなかった。特にクロとその子達については悔いが残っていた。クロは子ども達が近所から拾ってきた雌犬だった。つながずに飼いたいと躾を試みたがこちらが言うことなどどこ吹く風。発情期には降って湧いたように雄犬共が昼夜押しかけてきて、当然子が生まれ、計四匹を養わねばならなくなった。散歩をさせる気も失せ、つなぎっぱなしで餌をやるだけになってしまった。

一匹など成長とともに首輪が小さくなって首の肉に食い込み、病院で外科手術をして事なきを得た。一匹は身体中黒豆のようなダニだらけになり、水をぶっかけタワシで洗い一匹一匹手で取り除いた。それらの唯一の生き残りが牛丸（雄、七歳）で、家の前の草はらにつながれていた。サンタの三倍以上の大きさだったが、まるで孫相手のようにサンタとじゃれあった。

今度こそサンタとは家族として暮らしを共にしていきたい。そのためには最低限の約束事は絶対守ってもらわねば。人に危害を加えない。ダメと言えば即座に行動を停止する。山歩きは自由だが通りには単独で下りない。だが今度もこちらの思うようにはならなかった。ちょくちょく通りに下っていくようになった。

二月下旬の日差しの暖かな午後、家の前に寝そべっているサンタのわきを見て胃が重くなった。見慣れない女物の下駄の片方が転がっている。すぐに取り上げサンタの目の前に差し出し叱った。彼はじっとこちらを見ている。幸い傷も汚れもない。坂を下ってすぐのTさん宅の縁側を通りから眺めると、あるある、下駄のもう片方が。幸いと言ってはなんだが留守だった。丁寧に下駄を揃えて帰った。

その後、何回か同様のことは起きたが　Tさんは事を荒立てる人ではなく、そのうちサンタの所業も納まった。かに見えたのだが、ある日、今度は運動靴の片方が転がっていた。きつくなじると彼は申し訳なさそうな色を目に浮かべた。妻があちこちを回って、南隣のNさんのとわかった。少し汚れていたので新品を買って持っていくと、子犬のことだからいいよいいよと笑って、おばさんは受け取らなかった。

こんなサンタだが、家の中では自由気ままとはいかなかった。ピョン太には大きさでは並んだが依然すこぶる劣勢だった。なんの前触れもなくピョン太の白い体が空中に踊りサンタに突進、鋭く首や背中をかんだ。時折、この矛先ならぬ歯先が私達人間の手足にも向けられた。これがキーンと食い込むように痛い。なにしろこの歯で生のモミだって噛み砕くことができるのだ。サンタばかりが可愛がられて、ピョン太は孤独だったのかもしれない。うさぎの心も、私が勝手に思い込んでいたように平静枯淡ではないようだ。

さらに、彼は今まで一度も山小屋を出なかったのだが、野外に飛び出すようになった。畑の人参や玉ねぎの葉、ピースの芽などが危ういので、妻と私とサンタとでピョン太を囲み、何度も逃げられながらもつかまえた。サンタは猟犬の血が濃いようで、何も教えなくても手馴れた様子で軽快にピョン太を追った。当然ますますピョン太のご機嫌は悪くなり、土間の中ではサンタが逃げ回るばかりだった。

サンタはさかんに上の部屋に上がりたがった。特に夜、妻と子ども達がコタツに入ってテレビを見ている時など、障子戸を破り必死の突入を試みた。結局、いつの間にかコタツの中が彼の指定席になってしまった。

春が近づいてきたのに、サンタはなんとはなしに元気がなくなってきた。食事は鶏用にもらう学校給食の残りだが、ハンバーグやスパゲティなど肉の多いご馳走もあまり食べなくなった。目やにも多い。寒さにはからっきしだし、生まれつき体が弱いのかと妻と心配していた。そのうち目の色がおかしくなってきたので、嘉穂町の病院に妻と連れていった。開業したばかりの獣医は知的眼差しの優しい女性で、サンタはすぐになついた。肝臓の病気だが軽症で薬で治るだろうとのこと。妻が彼女とあれこれと話すうちに食事の話になり、犬はネギ類など特に玉ねぎは赤血球を溶かし貧血や下痢等を引き起こすので厳禁と言われた。妻も私も唖然とした。サンタの好物と思っていたハンバーグなどの洋食のほとんどに、玉ねぎが入っているではないか。

それからは塩分と脂肪にも気をつけて、給食の主に和食と、私たちの食事から選んで与えることにした。数日で彼は元気を回復し、寒がりは相変わらずだが病気にはほとんど縁がなくなった。

三月に入って、一面うっすらと新緑が浮き、柔らかな雨の雫を浴び萌えたった。ほうれん草・人参・じゃがいも・キュウリ・かぼちゃ等々の種まき、植えつけ、ワラビ採り、セリ摘み、ひよこの世話……と追われているうちにはや五月。

朝露に濡れた山中の緑が、夏のような天の輝きを受け清らかな光を放った。と、その緑の海に薄い黄土色が浮かんだ。サンタだ。その二、三メートル後ろに白が踊った。なんとピョン太だった。二匹は緑の輝きの中を飛ぶように駆け、やがて下の通りに向かい見えなくなった。ピョン太はすっかり外出の味を覚えてしまった。それもサンタというボディガードつきで。どういうわけかサンタの散歩について回るようになった。

六月に入った。山中が緑に呑み込まれた。畑も分厚く雑草たちに覆われた。ピョン太がぷっつり姿を消した。土間が空っぽになった。翌日も翌々日も帰ってこない。妻と私とサンタと何度もあたりの草はらを捜し回ったが姿は見えない。

梅雨に入った。この世の果てから果てまで灰色一色だ。間断なく雨はトタン屋根に落ち流れていく。

昼過ぎ、かすかに死臭を感じ、薪ストーブから二メートルほど離れた土間と床下の境の戸を開けた。ピョン太が横たわっていた。外傷はない。戸に寄り添うように永眠《ねむ》っていた。

梅雨は明け、サンタは日中ほとんど家にいなくなった。成長しても小さめのビーグル犬程度、耳はたれ表情は子供のように邪気がない。家では正体不明の来訪者にはよく吠え、番犬の役目をきちんと果たしていたが、外面《そとづら》は良かったようで、結構近所の人々に可愛がられるようになった。山や野や下の通りをうろつき回っていたのだろうが、その割には食は細かった。それもそのはず、あとから聞けば、あちこちでうちではありつけないご馳走をいただいていたらしい。

中でも彼が足しげく通っていたのが、雑木林を挟んでわが家の北東七、八十メートルの梶原さん宅だった。彼女は一人暮らしの七十代半ば、しゃきっとした細身で目元が澄んでいる。彼女

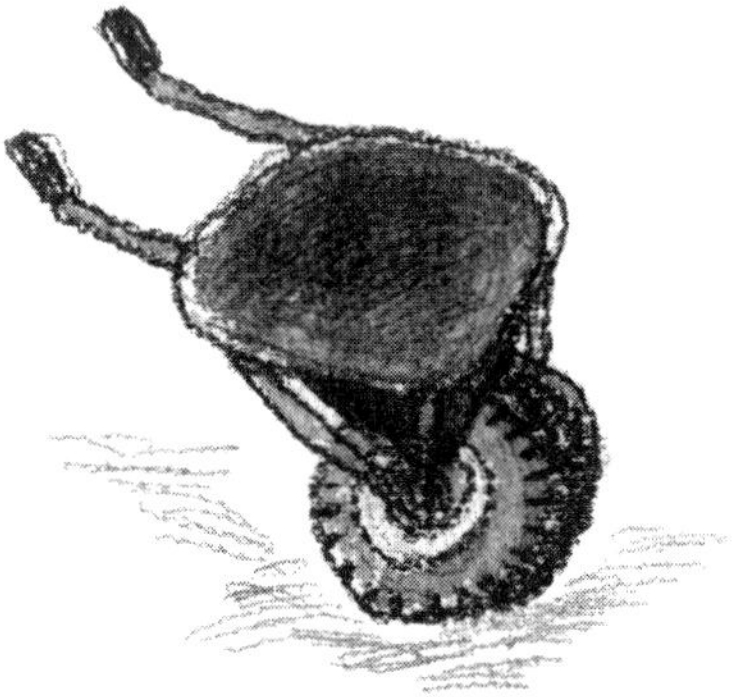

が狸のために庭先に置いたソーセージや天ぷらを、林の中から見つめていたサンタとスーと目が合ったのが最初だった。この頃、ピョン太も健在で、それ以来よくピョン太を連れて遊びに来たらしい。

夏も終わりに近づいたある午後、例によってサンタは朝から姿を消していた。卵の配達に軽ワゴン車で通りを下り始めた時、小高い丘の上の梶原家の玄関先に、まるで神社を警護する狛犬のようにすっくと座った犬が目に入った。それはサンタだったが今までのサンタではなかった。いつの間にか青年サンタに成長していた。

私は彼に声もかけず、そのまま車を走らせた。

急に秋の気配が濃くなったような気がした。

三　生きる

その二、三日後、一九九五年八月十九日深夜、電話の音が響き渡った。大分県佐伯市大入島に釣りに行っていた野枝と竜太が、就寝中にテントごと大型マイクロバスに轢かれた。野枝は内臓破裂の可能性大で絶望的、竜太は命に別状はない。

午前三時過ぎ、近くの友人の運転する車で妻と佐伯市の病院に向かった。ただただ重苦しい焦燥の三時間が過ぎた。

明け方、薄暗い病院に着いた。重い鉄の扉を開けた。二人とも生きていた。それもいつもの元気な表情で。竜太は腕の打撲で分厚い包帯だが、あちこち歩き回っていた。野枝は上体は起こせないが顔色は悪くない。まともに腰のあたりを轢かれ、救急隊員や警察官は数時間の命と思っていたらしいが、奇跡的に軽度の内出血ですんだ。

もちろんまだどうなるかわからない。午前、午後と無事に過ぎ、夜は妻も私も二人のベッドの下に横になった。その長い夜もどうやら静かに明けた。二人に変わりはない。

医者とも相談して、すぐに二台の乗用車で飯塚市の筑豊労災病院に向かった。正午前、着いた。そこでの検査結果も佐伯市の病院と同じだった。野枝はそのまま入院、竜太は通院となった。

九月十四日、野枝はどうにか歩けるようになって退院した。十八日、一応普通の生活ができるようになり、長崎に戻り大学に通い始めた。竜太は以前より元気なくらいだった。

何かが決定的に変わった。身が軽くなった。私の中の余計なもの一切がストンと抜け落ちたような気がした。死んでしまえば、学校も仕事も結婚も世間もなーんにもない。何かよりや何かのためなど空しいばかりだ。要するにただ生きればいい。一日一日をまるごと生きればいい。生きて死ぬそれ以上に重要なことなど何もない。

この数日間ほど自身の生きてきた道のりを切実に振り返ったこともない。諸々の瑣事に振り回され、様々の紆余曲折があった。だが結局の所、これで良かったんじゃないか。これしかなかったんではないかな。

幼い頃から、最もエネルギーを費やした瑣事の親玉が、優等生を演じることだった。小学三年の頃から私はせっせと勉強をし始めた。この頃は、成績優秀というだけで、級友達にクラスの一員として認可されたからだった。ただ内気で弱虫であることに変わりはなかった。よく風邪で休んだが、解放された気分で、漂流、探検等の冒険物語や貸本の漫画を、終わりに近づくのを惜しんで読みふけった。

五年の秋、足の裏の水虫が悪化し、ろくに歩くこともできず、運動会にも出られなかった。六年の夏から冬にかけて、蓄膿症で毎日耳鼻科に通い、膿を取るため鼻の奥に麻酔なしで管を突っ込まれ、痛くて痛くて。終日頭全体が重く、鼻はどん詰り、匂いは全くせず、三度の食事は文字どおり砂を噛むようだった。ようやく回復した時の味噌汁の匂いはもちろん、便所の臭いすら感動的だった。

私の最初の決断らしい決断は、中学で野球部に入ったことだった。一九五六年から五八年にかけて、福岡の西鉄ライオンズは日本シリーズで巨人を破り三連覇を遂げた。特に五八年の三連敗後の四連勝は博多の街を沸騰させた。子ども達は原っぱで草野球に熱中した。私も熱狂的野球少年だった。病弱だけになおさら、常勝巨人軍を力でねじ伏せる野武士軍団に憧れたのだろう。野球だけは何とかやれるのではと自負していた。軟弱な優等生から脱皮したい一心だった。

最初の二、三ヶ月は、ほとんど球拾いに終始した。五十人以上いた新入部員のうち残ったのは十人程度だった。学校は休んでも部活は絶対休まないぞの必死の思いのおかげか、風邪一つひかなかった。炎天下での練習のあと、蛇口からほとばしり出る水にゴクンゴクンと喉を鳴らす快感。真っ暗になって家に帰り着き、食べた飯のうまかったこと。それまで多かった好き嫌いなど、まるでなくなってしまった。

あまりに真面目にやりすぎて、二年の夏休み前、キャプテンにさせられてしまった。部活が続けられさえすればと考えていたこの私がである。ここからが苦労の始まりだった。なにしろ野球部には、勉強は嫌いだが運動神経は抜群で、喧嘩も鼻っぱしらも強い元ガキ大将が集まってくる。その割には、同学年には物のわかった人間がほとんどで、結構私にしては善戦していた。ただ反抗児が一人二人いて、時折勝手な行動をとった。一番ひどい時は、レギュラーの半分近くが練習をサボタージュした。

高校では懲りずにサッカー部に入り、またしても成り行きでキャプテンになってしまった。当時福岡市では福岡商業が常にナンバーワンで、わが筑紫丘は四、五位に甘んじていた。福商はコーチが複数いて、部員は四、五十人はいただろう。こちらは部員十数人をコーチなしで私がひっぱっていかねばならない。前年、日本サッカーリーグが開幕したとはいえ、まだまだ野球オンリーで、学校側にとってはサッカー部など付録同然だった。

そういった特に体育教師への反発もあって、私は打倒福商を胸に秘め、練習の鬼と化した。部室には、「限界への挑戦」と、私の丸っこい書体の張り紙が下がっていた。部員たちはこれを見て、ゲンナリと練習する気も失せたらしい。

結局私は二年の三学期末、蓄膿症が再発して一ヶ月入院、二ヶ月以上練習を休まねばならなかった。かえってこれが良かった。先輩たちが指導に来てくれたこともあって、一時は打倒福商寸前までチームの力は伸びた。

一年浪人して一九七〇年、九州大学ではヨット部に入った。水、特に海恐怖症の私にとっても、海と空の境を風のように奔るのは爽快極まりなかったが、運動部特有の濃密な人間関係に耐えられなくなって、一ヶ月ほどでやめた。元々私は一人で自由気ままが何よりの、命令されるのもするのも嫌いな質で、ここまで運動部を続けられたほうが不思議なくらいだった。

ほぼ同時期、大学にも行かなくなった。講義に出ても、まるで音の出ないテレビを見ているようで、まるっきり頭に入ってこない、頭も心もときめかない。そのうち、朝、六本松で路面電車を降りて、教養部の四角の建物を見るだけで、吐き気がしてきた。

要するに、学校というものに付き合っていくエネルギーが枯渇してしまったのだ。弱虫から優等生に、さらに逞しいスポーツマンに、そして優秀な大学生に、エリートサラリーマンになるために頑張る、その気力がなくなってしまったのだ。結局、私は本質的には何も変わっていない。学校、会社等の集団社会に根深い違和感が、生理的ともいえる嫌悪感があるのだ。

それはコンクリートジャングルに対しても同様だった。一九六〇年あたり、私が小学校の高学年にさしかかる頃から、福岡市郊外は急速に都市化が進み、南区はその典型だった。わずか十年の間に、幼い頃から慣れ親しんだ田畑も雑木林も池も小川も原っぱも消え、一面、団地・アパート・民家・学校・役所・病院・スーパーマーケット等に埋め尽くされた。

でこぼこの大通りが舗装され、雨の日に車から泥水をかけられることも、晴れの日のモウモウたる土煙もなくなった。このあたりまでは私も「文明の進歩」を謳歌していた。だが、細い生活道まで隅々まで舗装され、車が怖く散歩もできない。子供たちの遊び場もない。夜中も車の音と光。木どころか草もない。夏は暑く、冬は寒い。こんなに田畑や山野をつぶし、人間ばかりが群れ集まって、食物は、水は、空気はどうするのか。確かにコンクリートによって、人・物・金・情報の流れはスムーズになる。経済発展には欠かせないだろう。だが生き物の生きれる場所ではない。そして人間も生き物だ。

七二年の夏、父が肺がんであっけなく死んだ。六十三歳だった。私にとって彼は小学校時代から重い壁だった。彼は有能な電気技術者で、後には経営者になったが、経済的事情で大学に行けなかったため、下請けの零細企業で散々に苦労した。それだけに、こと勉学に関しては子ども達に厳しかった。九州大学工学部電気工学科に入ったのは彼の意向そのままだった。深い悲しみと虚脱感に襲われたが、解放感もあった。これで私がどうしようと父を落胆させずにすむ。もう誰のせいにすることも、誰に甘えることもできない。

まずは大学をどうするか。大学から足が遠のいたのは、定められたルートをひた走るエネルギーが枯渇したからだけではない。講義を受けるまで、私は大学とは学問の本質を問う場だと勝手に思い込んでいたのだ。数学とは、物理とは、科学とは、科学技術とは、どのような歴史を経て、どのように創られてきたのか、人間にとって社会にとってなんなのか。現実は、大学とは完成した学問を習得する所、優秀な企業戦士めざして、知識・技術を上から与えられる所なのだ。私のいう学問の本質など求めること自体、野暮な話なのだ。

ちょうど父の死前後に二科目の追試があり、これで合格すれば、一年遅れで本学に進むことができた。私はあえて追試を欠席し、もう一年遊ばせてもらうことにした。この機に学問の本質とやらを自力で探ろうと思ったのだ。県立図書館に通い、アインシュタイン・ボーア・パスツール・湯川秀樹・中谷宇吉郎・武谷三男・星野芳郎・宇井純……と最初は入門書・科学史の類、後には公害関係の本を読み漁った。

おぼろげながら分かってきたことの一つは、科学とは人間を超えた絶対的真理ではなく、人間の営みの一つだということだった。特に現代においては、科学・技術・社会は一体となっていて不可分だ。科学技術は営利至上の企業活動や、国家・企業のエネルギー政策、軍備・軍事産業等と密接に結びついている。その巨大科学技術の進展が人類の進歩・幸福につながるとは限らない。場合によってはそれを止める、あるいはその方向を変えなければならない。その判断を科学者や政治家に委ねてはならない。あくまでも私達一人一人が当事者であり主役なのだ。

このいたって当たり前に思えることが、世間一般では全く通らないようなのだ。巨大科学技術が次から次へと産み出す新「文明の利器」を、とにかく次から次へと消費することこそが「進歩」であり、「進歩」は絶対なのだった。

翌年の七三年秋、私はようやく箱崎の工学部に進学した。朝七時出発、一時間余りで大学に到着、夕方までぎっしり詰まった講義を二ヶ月ほど皆勤した。

その最後となった初冬の夜の復路、私はとうとう決断することができた。大学をやめることを。電車の中で車窓の夜景をながめていた時、ストンと腑に落ちた。腹の底から納得した。もう重い荷物をおろしていい。身一つになっていい。誰がなんと言おうと。この先何が起ころうと。

最初にやったのは土方だった。朝五時過ぎに起き飯をかき込み、博多区千代町の川べりに行くと、闇に幾つかの焚き火がパッパチッと地下足袋、長靴姿の男たちを照らし出していた。輪に加わって黙って手を火にかざしていると、すれた事務員風の中年男が現れ、なにやら声高にしゃべりかけ、闇に歩いていく。従った四、五人の後ろに私もついていった。

道路工事、下水道配管、ビルの生コン流し、船荷の積み下ろし……きついのもあれば暇なのもあった。とにかく時間が進まない。夕方五時になることだけが楽しみだった。週二、三日働いてあとは寝て暮らすにしても、ずっと続けるのはしんどい。

次は浮浪者（今ならホームレスか）はどうかと考えた。当時、博多駅待合室は冷暖房付き二十四時間開放だった。ここで寝泊りして、食い物は食堂の残飯。これこそ私の求める自由の極致、余計な生産・消費なし、地球環境に及ぼす害も最小限。だがいざ……となると、私のような世間の目ばかり気にする凡人には至難だ。

飲食店やペンキ屋等自営業も考えたが、皆私の苦手な都会での人相手の仕事だ。やはり農業しかないか。ずっと心の中に居座っていたが、経験も技術もゼロ、何より体に自信がなかった。それに世間体を極度に気にする「血と汗と涙の」農民魂とやらも嫌いだった。碁盤の目のようにきっちりと整備された水田や、ゴルフ場の芝生のような畔を見ると、なんとも重苦しい気分になった。

以前から疑問に思っていた。農業とは強い人間にしかやれないのだろうか。人より長時間、人より速くきっちりと仕事ができなければ、人より多く収穫できなければいけないのだろうか。「きれい」で「立派」な季節はずれの野菜を作って、人より多く金を稼がねばならないのだろうか。そのためには農薬という名の毒物を食物にまぶすようにかけてもいいのだろうか。

多くを求めずただ生きることに徹すれば、私のような弱小ど素人でもなんとかなるのではなかろうか。例えば田一反で九州の平地で普通七、八俵の米はとれる。私でも二、三俵はいくだろう。玄米を食えば一人一年にざっと一俵、二反も作れば十分だろう。

私は肚を決めた。とにかくやってみようと。福岡県久留米市、熊本県……遠くは三重県まで足を伸ばして、住み込みで見習いをさせてくれる農家を探したが見つからない。

年も明けて、しばらく義兄（姉の夫）の製材所で住み込みで働くことになった。大型丸鋸の轟音と張り詰めた緊張感の中、義兄を先頭に従業員七、八人がきびきびと働くこの職場は、私の修業の場としては最適だった。終業後、自動車学校に通い、休日には従業員の女性から畑仕事の初歩の初歩を習い、山羊一匹と鶏十羽を飼った。

春になって、姉夫婦は福岡県山田市の栗山に、母と私と一人の女性を案内した。義兄は「ゴチャゴチャ考えんで、ここでやってみるね。栗拾いなら子供でもできるばい。」

何より突き抜けるような山の気と全体の解放感が気に入った。見渡す限り山また山。西側は一面雑木林。あたりには十数軒の民家が散在しているが農家はない。水がないのが難点で米もできないが、麦や雑穀類、芋類には最適だ。草や木の葉はいくらでもあるので山羊を飼うのにも絶好だ。

母はあきらめ顔だ。世間通の苦労人、何を言っても無駄だとわかっているのだ。

もう一人は中学の同級生、名は野村みな子（通称ノン）、部活はフィギュアースケートだったが、静かな文学少女といったイメージ、真面目な事柄を本音で話せる貴重な友人だった。大学に入って三年目の春、ひょんなことから、私と同年の男性と三人で四国一周旅行をした。大学の男女別々の寮に泊まって回るという「健全」なものだったが、彼女はそれまでとはまるで別人だった。生まれて初めてカゴから放たれた小鳥のように、初々しく溌剌と輝いていた。人生とはわからないもので、わずか何日かの間に、彼女は私にとって最も大切な人になってしまった。

彼女は世間体とか社会的地位・収入には無頓着で、私が大学をやめても、農業を始めると聞いてもまったく動じなかった。この日、車内では華奢なやや長身に青白い顔と箱入り娘然としていたが、一歩山に入ると、根っからの山の少女のように生き返り、背丈ほどの黄土色の茅や焦げ茶に枯れたセイタカアワダチが密生する中、栗・ぶどう・八朔・桃・柿……と軽々とした足取りで見て回った。

彼女はこの春福岡女子大を卒業、四月から福岡市の中学の常勤講師の職を得ていた。彼女の両親は私たちの結婚に猛反対だった。父親は久留米市の先進農家出身、福岡県庁のバリバリの行政マン。そんな彼から見れば、お坊ちゃまの無謀な冒険としか映らなかっただろう。しかも彼女は一人っ子、肉体労働のできそうな体でもない。

ただただ申し訳ありませんと言うしかないのだが、私はその冒険がしたかったのだ。幼い頃からずっと冒険家を夢見ていた。大学でも最初探検部に入ろうと思ったが、鍾乳洞の地底深くに潜ると聞いてやめた。閉所恐怖症なのだ。山岳部も高所恐怖症で駄目。これに人間恐怖症が加わるのだから絶望的だ。だが別に局地に探検に行かなくても、無人島に漂流しなくても、生きることそのものが冒険ではないか。弱かろうが、無能だろうが、私の生はこの世で唯一の、いつ絶たれるかもしれないただ一度のものだ。全身全霊で全うしたい。それだけで大冒険ではないか。なかでも生活――生命活動――は最も基本的で切実なものだ。大地に汗を流し、糧を得、排泄物を大地に返す。すみかを作り、燃料を集め、衣料・道具を調達する。交わり、産み、共に生きる。農とは本来生活そのものではなかったのか。私達はこの数十年、より多くの金を得、新「文明の利器」を消費することに汲々とするあまり、大地が生命の源であることを忘れてしまったのではないか。

私はただ生きたかった。この年、一九七四年五月、私達は結婚した。彼女の両親・親族の出席がなかったのは非常に残念だったが、姉夫婦の家での出席者十数人の手作りの式は盛り上がり、友人達と私は飲みつぶれた。

七月末、私達は山羊一匹と鶏十羽、一対のウサギを連れ、新天地に向かった。

四　自由への旅

野枝を長崎に送り出し、ほっと一息ついた九月下旬の午後。日差しはまだまだきついが乾いた涼しさが漂い始めた。中年の男性らしき人物から電話、声が険しい。

「またアンタんげの犬が来ちょるばい。ここんとこウチに入り浸って往生しちょるとばい。」

そこは歩いて二、三分、今まで気づかなかったのだがサンタより二ヶ月若い雌犬が二匹いた。日に何度となく玄関先につながれている彼女達の元に通い、派手に土煙をあげじゃれあっていたらしい。

　それからは私か妻か外に出る時だけサンタを土間から放した。しばらくは辺りの野山をうろついているが、ふっと姿が消えた。山の中を大声をあげて捜しまわるが気配さえしない。それもそのはず十分もしないうちに例の雌犬の所から電話だ。それではと早朝の四時頃放してみたが、安眠妨害だと先方はますます険悪になってきた。さらに雌犬の一匹が発情期に入ってしまった。わが娘に子でも孕ませようものならただでは済まぬといった見幕だ。

　この一年、近所からサンタの自由散歩への苦情がいつ来るかと待ち構えていたが、一件もなかった。これならなんとか鎖につながずに済むかと思っていた矢先のことだった。

　ここは自由より平和を重んずるしかない。家の前の原っぱに太い針金を四、五十メートル引っ張り、サンタをつないだ鎖の先の輪にその針金を通した。これだと動ける範囲は結構広いし、少しは走ることもできるのだが、彼は直線距離にすれば百メートル弱の恋人の家の方を向いて悄然と座ったままだ。私も胸がつぶれるような思いだった。家族同然など所詮叶わぬ夢だったのか……

　翌日の昼前、日はキラキラと照りつけ、心地良い風が流れていた。私は秋冬野菜の種まきに汗を流していた。と、サンタの異様に切ない声と、もう一つ別の苦悶の喘ぎが風に乗って聞こえてきたような気がした。家の前の原っぱに近づくと、鎖につながれたサンタが、鎖を引きちぎって駆けつけてきたらしい例の雌犬に乗っていた。両者はしっかりと結びついていた。私はそのまま畑に戻った。

自由が欲しいのは人間だけではないのだ。私は一大決心をした。なんとかもう一度サンタに自由を取り戻してやろうと。せめて一、二時間、できれば三、四時間、存分に駆け回らせてやろうと。こうなったらサンタを道連れにこのあたりの山々を踏破してやろう。

教育費を稼ぐため鶏の世話など以前に比べれば忙しくなったが、外の用事さえなければ一日の流れはゆったりしていて、その気になれば少々の時間は捻出できた。それに私にとってサンタとの付き合いは仕事と同等もしくはそれ以上のものなのだ。人間と人間だけに心のふれあいがあるのではない。そして存在と存在のふれあい以上に大切なものなどない。早い話が、世間の諸々よりもこっちの方が、よほど面白くて切実な生きることそのものに思えたわけだ。

しばらく近所の雑木林で足慣らししたあと、山田市と川崎町・添田町の境に連なる山々に入ってみることにした。なにしろ奥が深い。山田から添田まで水平距離でざっと五キロ、さらに南東は英彦山、大分県耶馬溪へと、南は馬見・古処へと続く。

十月はじめの月曜、快晴、風少々。朝早く玄一を高校に送り、鶏の餌やり、畑仕事等せっせと最低限の仕事をすませた。この日は卵の配達はない。昼食後の二時、夕方の卵取りを妻に頼んで、いよいよサンタと出発。ずっと自由の身だったサンタだが、紐につながれてもこちらに合わせてくれるので楽だった。

わが家から坂道を三、四十メートル下ると通りに出る。その無人のアスファルト道を南へと登る。左は急勾配の常緑樹林、右も山だが道路沿いに二軒の民家。時折、車が走り過ぎていく。百メートルほどで右の林が途切れ、産業廃棄物処分場の鉄の門、大きな砂利道が裸の丘へと登る。その奥はまったく見えない。

この六年前の一九八九年の暮れ、通りの左側、私達の住む山「雑草園」の東の見渡す限りの山々（一九八ヘクタール、八割が国有林）にゴルフ場開発の話が持ち上がった。約二キロ下方に市上水道の小夜水源地がある。開発業者は東京の大手。

正直、胃全体が鉛になったような気分だった。最も苦手な利害・政治の世界、関わりたくなかった。だが妻は目の前の山々の危機を黙って見過ごす気などてんからない。友人たちも私が逃げるなど思いもしない様子だ。重い腰を上げるしかなかった。

子供会・小中学のＰＴＡや、雑草園の卵・野菜の直売などで知り合った人々、自営業者、農家、主婦、医師、公務員、教師……と「山田市民塾」を結成。賛成、反対で争うのではなく、まず開かれた誰もが自由に参加できる場で事実を明らかにしようと、講演会、ゴルフ場予定林視察、ゴルフ場視察、討論会等行なっていった。

それまで私はゴルフ場にはまったく無知で、それほど深刻には考えていなかったが、とあるゴルフ場造成現場は衝撃的だった。伐採どころではなく、超大型重機による文字どうり山ごとの根こそぎの破壊だった。

豊かな山里に流れる川の水が黄土色だったこと、そこから取水される水道水のトリハロメタン（発がん性物質）の濃度が、大都会の真ん中のそれと同程度だったこと、その主原因が明らかに近辺のゴルフ場の除草剤・化学肥料であることも、私の気を重くした。

大部分の山田市民の反応は冷静だった。我々一般市民にとって、ゴルフ場が何の益になるというのだろうか。雇用にも商売繁盛にも地場産業育成にもほとんどつながらない。あっさり言ってしまえば、バブルであふれた金で広大な山林を囲い込み、さらに金が金を生む。そういった装置なのだ、ゴルフ場とは。国土を食いつぶし、どこまでもより多くの金を追い求める。まさに戦後史の縮図ではないか。

幸い、この時すでにバブルは弾けようとしていた。ゴルフ場を作りさえすれば儲かる時代は終わろうとしていた。結局九〇年十一月、業者は開発を断念した。

わずか一年だったが、人間関係の軋轢に心底疲れた。自身の神経のひ弱さを再認識した。苦々しい落ちまでついた。私達がゴルフ場問題に忙殺されている間に、雑草園のすぐ南の山地が、安定型の産業廃棄物最終処分場になっていたのだ。


さて、九五年のこの頃まで、遠くから重機の音が聞こえてきたり、たまに通りで産廃場を出入りするダンプとすれ違う程度で、谷を埋めて牧場にするために土石を運んでいるのだろうと、私達はのんきに考えていた。

すぐに道は下りになり、左は牧草地で右には牛舎。下りきると県道に突き当たる。あたりは熊ヶ畑、古くからの農村地帯で、こぢんまりとした田畑が広がり、わきを透き通った小川が流れ、しっかりとした造りの民家が並ぶ。それらを見下ろすようにすぐ後ろに、熊ヶ畑山を始めとして五、六百メートルの山々が連なっている。

県道を左に、緩やかな傾斜を川崎方面へと登る。この道も車は少ない。サンタの足は変わらず軽い。左右は常緑樹林、それらを凌ぐほどに竹や雑木がうっそうと茂る。

家を出て二十分くらいが過ぎて、右へ折れ林道に入って、サンタを放した。彼は軽々と駆け上り、すぐに戻ってきて、這いつくばうように地面に鼻を近づけ嗅ぎ回り、道の端の草むらのあちこちに小便を飛ばした。道は半分の幅の砂利道に、勾配が急になり、杉の木立が高々と迫ってくる。かすかに色づき始めた小楢、ハゼ、鈍い緑の樫・クス・シイ等も所々にそびえている。車や人の気配さえない。時折、別世界のような県道の車の音がかすかに聞こえる。サンタは私の二、三メートル前を急ぎ足で歩いていく。だんだんにひんやりと深く暗くなっていく。山の奥へ奥へと登っていく。ぷっつりと道は途切れた。右は谷、正面と左は急斜面一面に丈の低い雑草が茂る。それらの奥は黒々とした林だ。

ウサギでもいたのか、サンタは草の茂みに

飛び込んだ。すぐに獲物を追う時の独特の切迫した甲高い声が響き、草がザワザワと波のように走り、やがて林の奥へと消えていった。静かだ。物音一つしない。私は日の当たっている石の上に腰を下ろし、こんなこともあろうかと用意していた新聞に目を通し始めた。三、四十分で帰ってくるだろう。

二時間が過ぎ、日が傾き始めた。私は急斜面を登りつめ、三回四回と声を限りにサンタを呼んだ。全くの静寂に急に冷たくなった風が流れた。常緑樹林に足を踏み入れた。うっそうと茂る笹を泳ぐように進んだ。背を越える芝の木の群れが大空をかき消すように覆いかぶさってくる。まだ若い杉の木立はそれらに呑み込まれそうだ。ふっと気がつくとこちらの方が、このどこまでも続く荒々しい緑の海に呑み込まれそうになっていた。ぞっとした。この黒々とした宇宙に底知れぬ恐怖を覚えた。私は慌てて引き返し、やっとの思いで林を出た。

一旦家に帰って、食糧・水・懐中電灯・寝袋等車に積んで戻ってくるしかない。数歩坂を下ったとき、忽然と足元に泥と草にまみれたサンタが現れ、生き生きとした眼差しで私を見上げていた。

下りはゆったりとした気分でサンタに紐を付け歩いた。林道をほぼ下り終えた頃、突然四、五メートル前方に、左下方の林からセントバーナード犬ほどの薄茶の硬い筋肉の塊が飛び出してきた。サンタはけたたましく吠え、紐を切らんばかりの勢いで飛びかかろうとした。ドドドと地響きをたてて猪は道を横切り、右上方の林へと姿を消した。と、今度は後ろの下方の林からごつごつと節くれだった中豚くらいの三匹が現れ、やはり上方の林へと突入していった。

私は土煙の中に呆然と立ち尽くしていた。

当たり前のことだが、山では様々の動物たちがくらしている。ネズミ・モグラ・イタチ・蛇・ウサギ・狸・狐・猪・鹿・猿……。私たち人間にはその気配さえほとんど感じられないのだが、サンタには至るところから動物たちの信号が発せられるのだろう。いつも山に入ると、すぐに地面すれすれに鼻を這わせ臭いをかぎ回り、ふっと姿が消える。一旦獲物に意識が集中すると、私が叫ぼうが怒鳴ろうがまるで無視して数時間山を駆け回る。広大な樹海、捜しようもなく、ひたすら待つしかない。猪などに逆襲されないとも限らない。一番危険なのは二本足の動物だ。銃もだが罠も怖い。

そこで今度は川原に目をつけた。隅から隅まで土地が私物化され切り売りされている現代日本で、誰のものでもない広大な空間といえば、あとは川原くらいのものだろう。その川原も多くが、無残としか言いようのない公共事業・護岸工事によって、一面コンクリートに覆われてしまった。ただ幸い、この筑豊でもまだ川っ原は残っている。その一つ、穂波から飯塚、直方、中間へと至る遠賀川沿いには、豊かな草原が延々と横たわっている。

ちょうどこの時期、長男の玄一を飯塚の高校まで車で送っていた。すでに十一月に入っていた。朝六時前、気分は冬で暗く寒い。土間に降りると、サンタは目を輝かせ尻尾を振っている。弁当と味噌汁をつくり、六時二十分頃、玄一を何度も大声で起こす。いかにも眠たげに起きてきて、ご飯少々と味噌汁一杯を食い、私は熱い茶を二杯、三杯と飲む。二人とも無言、サンタも静かに座っている。

七時前、軽ワゴン車出発。助手席にサンタ、後ろに玄一と帰路のための自転車。外は青白い夜明けだ。ほどなく、車は白々とした朝の中、飯塚へと向かう県道を走っていた。時折、サンタは後ろに行こうとするが、玄一にたしなめられ、おとなしく助手席に座った。車中約三十分、ほとんど会話はない。別に気まずい雰囲気でもない。高校の近くで車を止め、自転車と玄一を見送る。

帰路、穂波町の川原の手前に車を止めた。川沿いの道は幅二メートルほどで、ほとんど車は通らないようだ。その川と反対側には田畑が広がっている。まだ日は出ず風は冷たい。土手を下ると、幅三、四十メートルの白い流れに沿って、四、五十メートルの川原が延々と続いていた。一面冬草に薄く覆われている。人影も犬影もない。

サンタを放した。彼はしばらくあちこちを歩き回った後こちらに戻り、黒々と澄んだ目をいたずらっ子のように光らせ、軽々と疾駆した。「一緒に遊ぼう」と走りながら振り向いた。目も尻尾も笑っていた。五、六分過ぎて、水辺で釣りをしている男性が見えたが、サンタは近寄らずそのまま走った。二キロほど進んだところで引き返した。四、五十分でこの日の散歩は無事終えた。

三日目の朝、いつものようにこの川原に下り、サンタと私と走り始めたとき、近くの水辺から数羽の水鳥たちが羽を激しく上下させ水面すれすれに向かい岸に渡った。それを追ってサンタは飛び込んだ。青々とした水の中を、ラッコのように尻尾を伸ばしスーと流れるように泳いだ。

暗闇にふと目覚めた。冷気がいつものように澄み切っていない。何かがくすぶるような悪臭が混じっている。午前三時すぎ。窓を開けると一面白い幕、霧ではなく煙だ。こんなことはかつて一度もなかった。ワラか枯れ草でも燃やしているのだろうか。窓をきっちりとしめ、布団をかぶり眠り直そうとしたが、刺激臭が忍び入ってくる。喉が痛くなってきた。どう考えてもただの草や木ではない。

意を決して布団を出、衣服をつけ外に出た。山じゅうが煙に満たされている。土間に戻り、サンタを連れ、煙の出処の探索に出かけた。彼はとうに目を覚ましていた様子で、思わぬ時間に散歩できて嬉しそうだ。星が所々に浮かんでいる。月の姿は見えないが真っ暗闇ではない。底冷えはするがかすかな南風。

下の通りに出ると、煙は薄れた。ポツンポツンと外灯の光が漂っている。通りの両側は常緑樹林が黒々と横たわっている。峠に登っていくにつれ煙が再び濃くなってきた。外灯の光は届かなくなった。

五分ほどで峠に達した。右手の林が途切れ、ただ闇の壁があるばかりだ。道路脇に七、八メートルの鉄製の門、砂利道が闇へと登っている。明らかにその奥、産業廃棄物処分場から煙が出ている。

私は闇と煙を見つめた。物音一つしない。サンタは静かに立ち止まっている。だいたいが私は臆病、特に人間関係のゴタゴタは苦手で橋を叩いても渡らない。だがなぜかこの時は急ぎ足で門の傍らの土手から産廃場に侵入し、砂利道を闇へと進んでいった。サンタはなんのためらいもなく同行する。

百メートル近く道を登ると、右手西方への登りと左手南方への下りに分かれている。煙は後者からだ。あたり一面むき出しの地肌が闇に沈んでいる。巨大なすり鉢の底へと下っていくと、かすかに火が見えたような気がした。「今晩は」と叫びながら近づいていった。サンタは平静だ。

廃材らしき黒い大きな塊にあるかないかの火、ほとんど燃え尽きているようだが、煙はまだモウモウと出ている。誰もいない。プラスチック等の悪質なものは燃やしていないようだが、この廃材に防腐剤等の有害物が含まれている場合がある。だがどうしようもない。あたりは土と岩ばかりで火事の心配もないので、そのまま帰った。

玄一を高校に送り、朝の散歩をして、帰ってきたのが九時過ぎだった。空は一面澄んだ青、野山に光が満ち、煙も臭いも嘘のように消えていた。畑さんに電話で相談した。彼は熊ヶ畑で農業を営む。花づくりが主で無農薬栽培に取り組んでいる。三つ四つ若いが私よりよほど世間通で覚めている。ここぞという時は一歩も退かない。彼の友人の酪農家があの産廃場の一部の地主で、すぐに畑さんと野焼きの現場に行き、産廃場の経営者とも話し合った。それからは多少煙が流れてくることはあったが、この時ほどひどいことはなかった。

十二月に入って、この産廃場に焼却炉が新設された。間もなく稼動というところでようやくその情報が入ってきたので、ろくに反対の声さえあげることもできなかった。ただ数ヶ月はこの焼却炉からほとんど煙は出ず、野焼きもなくなり、もとの静かな山の日々が続いた。

年が明けて一九九六年の一月下旬、玄一の高校で早朝の寒稽古が始まった。玄一も私も五時前に起床、冷厳な闇の中、出発、もちろん助手席にサンタ。

一日目の散歩はいつもの川原で、真暗闇の中を上流に向けて走り始めた。危ういところだった。精悍なドーベルマン三匹が放たれていたのだ。幸い近くに飼い主がいて事なきを得た。

二日目は数百メートル下った川原を下流に向かった。冷たさで手足と耳が痛い。ザクッザクッと一歩一歩の霜の感触が身を引き締まらせる。やがて闇が白み始めた。草々は大地にへばりつくように凍りついている。土手の黄土色の茅の茂みや水辺の土色の葦の列が浮き上がっている。

十分ほどで、左手から半分くらいの幅の川が合流する地点にさしかかった。その川沿いに数十メートル上ったところで、サンタは川に入った。そこは堰が半分崩れたような所で、一、二メートルおきに頭を出しているコンクリートや石などを伝って、彼は呼び止める間もなく向こう岸に渡ってしまった。勢いよく水しぶきを上げている所もあれば、青々といかにも深く冷たそうな所もある。足がすくんだ。ふだんの私だったら絶対に渡らない。だが一番近くの橋までざっと百メートル、その間にサンタがどこに行くかわからない。対岸一帯は家々が並んでいる。つい一ヶ月ほど前もふっと彼がその町に入り込み、一時間以上帰ってこなかった。エイと長靴を川に踏み込んだ。怖々コンクリートの上に飛び乗った。思ったほど流れの幅は広くない。ちょっぴり楽しくなった。子供時代に返ったような気がした。一気に渡った。なにやら壮快な気分で私はサンタと並んで川沿いの道を走った。

ある時ふと気づいた。町を車で走っている時、人々の視線がこちらに集中してくる。ほとんどが女性、年配の方から幼児まで、特に登下校中の花の中高生が目立った。その眼差しがまたいかにも親しげで優しげ。つい顔中の筋肉を緩めて視線を返すと、まさに手のひらを返すようにその眼差しは冷たくなった。

何度かこんなことを繰り返してようやく悟った。その目はこちらはこちらでも助手席のサンタに向けられていたのだ。朝に限らず大抵彼を道連れにしたのだが、彼は姿勢正しく席に座り、黒い大きな瞳で正面を見据えた。そのまるでもの想う人間のような表情が目を引いたのだろう。

その彼との川原での散歩だが、朝の七時、八時に他の散歩中の犬と出くわさない方がおかしい。犬一般が人間より遠目が効かないので、私はいつも前遠方を見つめ、犬の姿が見えると、反転させるか紐につないだ。だが足はサンタの方がはるかに速く、いつも私の先を行っている。まだ躾も十分ではなく怖いもの知らずの彼は、突如として疾走し、私の止めるのも聞かず唸り声を上げげて相手の犬に飛びかかり、相手も激しく反撃した。一種のゲームのようでどちらも噛み付くことはなかったのだが。

やはり広々として見通しの効く田園地帯のほうがいいかと、今度は車で十五分ばかり、西隣の嘉穂町に出かけた。二月上旬の昼過ぎ、快晴で雲一つなく秋のようだった。南西に青々と連なる古処山、馬見山……。見渡す限り一面空っぽの田んぼ、遠くに牛舎や民家、飯塚から小石原へと向かう国道二一一号線が見える。冬草の幼い緑と丈の低い枯れ草が日の光をまぶしく浴びていた。サンタと私は細い土の農道を歩いた。

のどかな時が十五分ほど流れて、ふっと前方数十メートルに一匹の犬が現れた。サンタと同じ大きさの柴犬だ。両者は立ち止まり、じっと見つめ合った。これが結構長かった。やがてそろりそろりと近づき始めた。五、六メートルの間隔になってまた立ち止まった。どちらも尻尾を立て振った。駆け寄って激しくじゃれあった。並んで走り出した。後になり先になり時に戯れながら猛スピードで突っ走っていった。私は大声でサンタを呼んだ。振り向きもしない。全速力で追った。だが見る見る遠ざかっていく。足は重くなる。息は苦しい。崩れるように足を止め必死に叫んだ。彼らは点のように小さくなり、とうとう消えてしまった。

つくづく情けなくなった。これではまるで男と逃げる女房に追いすがるダメ亭主ではないか。とぼとぼと車に戻り、ただ待った。三十分が過ぎた。彼らが消えた方向にいくら目を凝らしても、車で見て回っても姿は見えない。また元の場所に戻りただ待った。

日が落ちて、あたりは寒々とした夕闇に沈んだ。急に心配になってきた。あの寒がりが一体どこで夜を過ごすのだろうか。腹も減っているだろうに……。なんとしても暗くなる前に見つけ出さねばと再び車を動かした。あの柴犬はどう見ても飼い犬だ。家に帰っているかもしれない。彼らが走り去った田園地帯の奥の、山裾の農家の集落を抜ける細い道に入ってみた。まったくの偶然だが、入ってすぐの農家の庭先に二匹はいた。サンタは私の顔を見ると案外すんなりと車に乗った。

バカバカしくなった。こんなことなら近所で散歩したほうがまだマシだ。例の近くの二匹の雌犬は発情期ではなさそうだし、このところ迷惑はかけていない。

初春とはいえ風の冷たい寒空の日だった。下の通りに出て、人や犬がいないのを確かめてサンタを放した。すぐに捕まえられるよう紐をつけていたのだが甘かった。いっそ完全な独り歩きの方がよかった。車は通らないし空気は澄んで静かで、最初の数分は快適そのものだった。

と、サンタがとある家の庭に入り込んだ。私は急いで追い大声で止めたが、なまじ私という保護者がいるものだから彼は調子に乗り過ぎてしまった。その庭につながれていた彼より二回りは大きい雑種犬に唸り声を上げて突進した。相手は狙いすましたようにいきなりガブリとサンタの首にかみついた。彼のけたたましい悲鳴が響き渡った。私は慌てて紐を引っ張って離そうとしたが、猛犬は更に牙に力を込めテコでも離そうとしない。助けを求めてあたりを見回したが家の人はいそうにない。悲鳴が断末魔の叫びに変わった。えーいと私は猛犬の口元に右足を深く踏み込み、サッカーのインステップキックの要領で左足で思いっきり顎を蹴っ飛ばした。パカッとがま口のように口は開き、サンタは九死に一生を得た。

高校時代にサッカーをやっていて役に立ったのは、あとにも先にもこの時だけだ。なお例の猛犬だが別に顎が壊れた様子はなく、数日後に見舞いに行った時も、いつものようにけたたましく吠えていた。

五　青春時代

一晩中トタン屋根に染み込むように降り続く雨、屋根を流れる沢のささやき……。早朝、雨音が消えふっと訪れる時の静止、湧き起る小鳥達のさえずり、一気に日常を呼び戻すカラスの一声。

白々とした世界一面に浮かぶ新緑。ほんの数日前までは地にへばり付くように生き残っていたオオイヌノフグリが、隙間なく黒土を覆い、ちっちゃなちっちゃな青空のような花をあちこちに咲かせている。柔らかく透き通ったハコベ、泉のようなカラスノエンドウ……

この朝、玄一を高校に送った後、サンタと川原に下りた時、一面の菜の花に天の光が微笑むように降り注いでいた。サンタと私は軽々と駆けた。土手を斜めに駆け上がり、ツバメのように駆け下りた。菜の花が風となって吹き抜けた。菜の花の光と香が充満していた。

ヌッと目の前の土手の上の青空に犬が現れた。ギョッとして私は急停止した。サンタも止まった。サンタの三、四倍、白に焦げ茶の斑、耳がたれている。ポインターの雑種か。犬はのっそりとサンタに近づいた。わたしは追い払おうと怒鳴る寸前、声を呑み込んだ。犬の表情がなんとも純朴で人のいいオッサンといった風なのだ。首輪はつけているし、野良犬ではないようだ。

二匹は互いに顔を寄せ合い、体のあちこちを嗅ぎ回った後、並んで走り始めた。幸い一気に遠くに走り去るのではなく、時折立ち止まり、別々に草むらをうろつき、また向きを変えて併走したりで二、三十分が過ぎて、ふっと二匹の姿が消えたが、ほどなくサンタ独りが戻ってきた。

次の朝、車が川原に近づいた時、すでに百メートルほど先の土手にオッサンの姿があった。彼らが例の調子で遊んでいる所に、新参者が小走りでやってきた。サンタの二倍強、シェパードの雑種のようで目つきが鋭く兄（アニイ）といった印象だが、害意はまったくない様子だ。このアニイとオッサンは知り合いのようで、三匹もつれるように走り去った。車で追うと、工事中の高架道路の中にいた。飯塚から福岡へと抜ける国道二〇一のバイパスだ。この延々と伸びるコンクリートの巨大な棒は、あらかた完成していたが、人の姿は無かった。この日も三、四十分後、サンタは独り戻ってきた。

翌日から一週間はこの二匹に出会わなかったので、数百メートル下流の飯塚市郊外の川原に行ってみた。ここはずっと広く幅百メートルばかり、ソフトボールのグラウンド二面とゲートボール場が一つあった。川の中に細長い洲があり、人間の背丈以上の黄土色の葦が密に茂り、その足元には初々しい緑が浮き上がっていた。ふとその葦の林がザワザワと揺れ、割れた。犬三匹が一列になって進んでいる。明らかに地《じ》の雑種の野良、兄弟だろう。全員が引き締まった赤茶、不敵な口元、目が据わっている。

と、サンタが川にスルスルと入り、あれよあれよという間に中洲に泳ぎ着き、三匹に近寄った。ドキンドキンと私の胸の動脈が音を立てたが、遠くから保護者が騒ぎ立てるより、サンタ独りの方が安全だろうと、黙って見守った。彼らはサンタに襲いかかるでもなく、無視するでも、じゃれあうでもなく、ついてきたければ勝手にしろといった風で、彼は列の後尾に加わり、彼らと一緒に葦の林に姿を消した。私も彼らの行く方向に遠くからついて回ったが、結局三十分ほどして無事彼は帰ってきた。

その二、三日後、同じ川原で別の五、六匹の野良犬に遭遇し、土佐犬の雑種らしき大きな犬が、サンタに覆いかぶさるように飛びかかってきた。だがサンタが仰向けになり腹を出すと、なんの危害も加えず、私が内心はビクビクしながら精一杯の怒鳴り声を上げて追うと、全員あっさりと走り去っていった。

その数分後、彼は土手を登り道に上がった。ひっきりなしに結構スピードを出して車が走りすぎていく。彼は一台の車が過ぎた直後、横断しようとした。私は思わずアッと息を呑んだ。もう一台すぐ後ろを疾走していた。サンタは急停止した。文字どうり間一髪だった。毛にかすったように見えた。そのまま車は走りすぎていった。サンタはすぐに土手を下り、川辺の落葉樹の下に入り込み、川面を向いて座った。私が呼びかけても、思いつめたような表情でじっと宙を見つめていた。ふと見上げると、落葉樹の枝という枝から、緑の粒がまるで花火のように大空に浮かんでいた。

外ばかりではなく内にもサンタの仲間はいた。あのクロ一族でただ独り残った牛丸だ。ろくに人間たちに相手もしてもらえず繋がれっぱなしだったが、サンタにはいつも実に優しいオジサンだった。彼も寂しかったのだろう。本当にすまなかった。

せめてもの罪滅ぼしにサンタと山に放したことがある。ただ牛丸は顔が岩のようで牙がニョッキリと出ている。下の通りに出て行くと、一騒ぎ起こるかもしれない。いつでも捕まえられるよう一メートルほどの鎖をつけたままにしておいた。サンタ独りだとすぐにいなくなるが、二匹だとこの近辺で遊びまわってくれるかも、という期待は五分後には裏切られた。競い合うように落葉樹の薄緑の中を疾走し、上の常緑樹林に突入、そのまま林の闇に姿を消した。後を追って暗い緑に入ると、常緑樹の新芽が光を発するように湧き出ていた。やがて木に鎖を絡ませ独り残された牛丸の悲しげな声が聞こえてきた。

サンタが出ないよう山を冊で囲もうとしたこともある。鶏たちの運動場と一石二鳥をねらった。知人が大相撲の地方巡業に関わった際出たビニールシートが、山のように回ってきたのだ。幅二メートル、長さ二十から三十メートル、屋根や壁の一時しのぎの補修によく使われる青いシートで、二、三メートルおきに打った杭や、自生しているクヌギやハゼなどの枝に縛り付け、下部を地面に埋めた。実に簡単に数日で畑との境数十メートルが出来たところで、鶏たちを放してみた。久しぶりだったので、戸惑いながら彼女らはじわりじわりと小屋を出て草原を進み、草をついばんだり、落ち葉をかき分け虫をさがしたり、地面に埋まるように座り込んで砂浴びをしたりと、山のあちこちで伸びやかに過ごした。無事だったのは半日、やがて一羽、また一羽とシートの上に飛び乗り、畑に飛び出てきた。サンタはサンタで何度もシートに乗りかかり、あっさりと倒してしまった。

鶏の場合、もう少し柵を高くきっちりと張れば成功したかもしれないが、早々に諦めた。放し飼い自体が難しくなっていたのだ。この時約四百羽、二、三年後には八百にする予定だった。野枝が大学三年で、玄一（高三）、竜太（中三）と受験生が控え、前々年、妻は教職を辞していた。三百羽でも終日山に放すと、数ヶ月で根ごと草が食い尽くされ山肌が露出した。八百だと草一本生えなくなってしまう。外敵のこともある。放し飼いだとわずかの隙も許されない。昼間、一時間ほどの外出中に、三、四十羽が野犬に食い殺されたり、夕方、たいてい鶏は小屋に戻るが、時に外に残る者が夜中に狸に食われたり……

ただ、放し飼いをやめるとなると、わがシロウト農法の原則に関わることになってくる。私にははなからプロとして農業を、つまり商品を生産する気はなかった。あくまでも自分の食べるもの（生きていくための諸々）をつくる、採集する、拾う（もらう）。農薬・化学肥料・ビニールハウス等は一切使わず、四季折々の、この地でできる作物を、ここで調達できる肥料（糞尿・腐葉土・木灰等）でつくる。この二十年あまり、買ったのは種とわずかの石灰だけ。これで十分にシロウト農法は可能だ。できない野菜は最初からつくらない。一つや二つ病気や虫で全滅しても他で補えばいい。農薬等はあくまでも季節はずれの「立派」な商品を生産するために必要不可欠なのだ。

当然、鶏たちの餌もこの地で取れるもの、周りから調達できるもの（米糠・魚のアラ・給食の残り・耳パン等）でまかなう。放し飼いだからこそ、こういった人間様の残り物でも、鶏達は元気に卵を産んでくれる。草・虫・腐葉土・木の実・草の実等々、それに光・風・自由のおかげなのだ。

小屋の中に閉じ込めるなら、どうしてもバランスのとれた良質の食物、つまり穀物が必要になる。国産の米・麦だと卵一個五十円でも赤字だ。安い輸入トウモロコシを使うしかない。

これが問題なのだ。恐らく近い将来、この地球では石油よりも何よりも水と食糧が最重要資源になるだろう。アメリカ、中国、オーストラリア……どの国も不確定どころか絶望的だ。実は日本は世界でも例外的に豊かな緑と水の国なのだ。その日本で農業が、食料自給ができなくてどうしようというのだろう。食糧生産流通のグローバル化とは、マネー至上主義がもたらした愚かな自殺行為だ。それぞれの国、それぞれの地で、その地に根付いた農業と暮らしを創るしか、人類が生き延びる道はない。

だがどうしても金はいる。野菜は生産より販売が困難だった。このあたりは結構野菜を作っているし貰い物も多い。こちらで取れるときは他でも取れる。果物は無農薬では容易にできない。養蜂もやったが、こちらの技術が向上せず、この地が湿気が多いこともあって、ダニがはびこり、秋にはスズメバチに襲われほとんど全滅した。

結局、養鶏に戻った。いかに輸入トウモロコシを少なくするかが最重要課題になった。おからと米ぬかの発酵飼料、一番多い時は毎朝二百キロおからを貰ってきた。お盆のお供え物の落雁も始末に困る産業廃棄物だ。これを混ぜると甘酸っぱいうまそうな匂いがする。パン屋さんの耳パンもそうだ。牧場では脂肪分が少ないため牛乳が出荷できないことがある。これを一日二日置いておくと、りっぱなヨーグルトになる。あと学校給食や葬儀屋さんのお斎《とき》の残り、あちこちから集めた古小米、南瓜・芋・ナス・人参などの野菜くず、最も大切な山のような青草、腐葉土……。輸入トウモロコシを一番少ない時でざっと五分の一に減らすことができた。もっと古小米、あるいは飼料米が手に入れば、ゼロにすることも可能だ。

さて、春も盛りになって、飯塚の川原の野犬たちはいつの間にか姿を消した。オッサンとの交友は続いていた。梅雨が近づいて、いつもはあっさりと去っていく彼が、その朝はサンタを車に乗せ走り出すと、しばらく追いすがってきた。それっきり彼と出会うことはなかった。

その頃には午後は山田から稲築へと下る山田川の川辺にサンタと出かけていた。ここは南北に四キロほど両川沿いに道が続き、一つは舗装されていたが、もう一つは土の狭い道だった。その道の東隣に、すでに田植えを終えた田が約百メートルの幅で延々と続き、さらに東にやはり南北に県道が走っていた。川の西は一面小山の群れだった。この土の道はほとんど車は通らず、見通しもよく散歩には絶好だった。難点は川の水がどんよりと濁っていること。なまじ下水溝だけは整備され、生活・産業排水が流れ込むからだ。それに側面がコンクリートで塞がれ木が一本もなく日陰がない。国の政策とか、実に愚かなことだ。川の側面を石積みにして柳の木でも植えたほうが、よほど水害にも強く水も浄化される。最高の散歩道、子供たちの遊び場になる。すでに日差しは強烈になっていた。サンタはよく川に入った。

梅雨に入り、三、四日雨が続いた。この日は空は暗かったが雨は落ちていなかった。いつもの北へのコースではなく、南へと歩き出した。川はゆったりと東へ曲がり県道すれすれに近づき、西隣に田が広がっていた。いつもは十数メートルの川幅が二十メートル強に膨れ、濁流が所々で激しい水しぶきを上げていた。

二、三十メートル先を走っていたサンタが急に消えた。急いで行くと、そこには川に下る階段があった。数歩下ると、濁流の中をサンタが懸命に泳いでいるのが見えた。いつもの調子で川に入ったのはいいが、急流に流されないのがやっとで、二メートル弱離れた岸にたどり着けないのだ。深さは三、四メートルはあるだろう。ぞっとした。助けを求め道に駆け上りあたりを見回したが誰もいない。戻った。ほとんど変わらない位置でサンタは必死の形相で両前足をかいていた。だんだん流されかけていた。いつも泳いではいても、この急流に呑み込まれたら命はないだろう。私は泳ぎが苦手だ。水が怖い。大声で叫び出したい思いだった。

ふと川の側面のコンクリートを占領する雑草たちが目に入った。茅、セイタカアワダチ、よもぎ、葛等々二メートル近く生い茂っている。水面すれすれの太い茅とセイタカアワダチを両手につかみ全力で引いたがビクともしない。その草を片手にしっかりと握り川に入った。少しひんやりとした。サンタはまだ持ちこたえている。水面が胸のあたりにきてなんと足が底に着いた。川が土手にまで広がったおかげで端は浅くなっていたのだ。だがいつ深みに入るかわからない。そろりそろりと二、三歩進み、空いている手を伸ばし、サンタの首輪をつかみ、無事土手に上がることができた。

梅雨が上がり、暑く乾いた日々が続いた。同じ場所に夕方、妻と私とサンタとよく出かけた。川は幅数メートル、深さ一メートルほどに縮み、土手に高々と茂る雑草たちが涼しげな陰をつくっていた。サンタはスルスルと川に入り、泳いだり駆けたりして数十メートルを一気に下った。右手にはすでに五十センチほどに伸びた稲が一面の田を濃く密に覆っていた。その田の端を流れる幅・深さ一メートル弱の側溝に、仕上げに妻がサンタを放り込む。上がってきた彼はプルプルと全身を震わし水を八方に飛ばす。最後にバスタオルで妻が入念に拭う。彼は試合後のボクサーのようにタオルを被り、助手席の妻の膝の上に座る。その頃には、赤く燃えていた西日もようやく隠れかけ、うっすらと涼しい闇が漂う。

秋になって、牛丸が急速に衰えた。目の力が弱く、顔の迫力がなくなり、牙が垂れ下がって見えた。足元がふらつき、すぐに座り込む。食欲もない。首輪をとってもほとんど動かない。サンタが行ってもただ顔を向けるだけだ。土間に入れたが、しばらくはサンタと顔を合わせていたが、なんだか息苦しい様子だったので、外の雨風の当たらない場所に毛布を敷いた。彼はぐったりと横たわり、また起きだしてヨロヨロと苦しげに辺りをうろつき、また座り込んだ。

翌朝すぐに行ってみると、すでに冷たく硬くなって横たわっていた。

人間の方も別れが近づいてきた。玄一は金沢の美術工芸大を受験することを決め、落ちた時は金沢の予備校でデッサン・水彩画を学ぶことにした。竜太は島根のキリスト教愛真高校に秋の終わり合格した。ここは三学年合わせて男女八十人程度の全寮制、キリスト教は柱だが生徒の宗教は問わない。大学への受験勉強なし。自ら考え学ぶ生徒の自主性尊重。テレビなし。

九月に竜太と一泊二日見学して、最も印象的だったのは、制服がなく十人十色で自然で伸びやか、一人一人こちらの目を見て挨拶し、はっきりとモノを言った。彼らがつくる食事も質素で充実していた。掃除も便所の汲み取りも彼らの仕事。農作業や大工仕事、焼き物等も授業に組み込まれていた。何より皆マイペースでカリカリしていない。教師たちにもゆとりがあった。竜太は六月にも妻と訪れていたのだが、既にここに行くことに決めていたようだ。殺伐とした受験一直線にげんなりしていたようだ。

冬になって、彼は新聞配達を始めた。午前三時、私も竜太と起き、物書きと読書。七時前、玄一を起こし、サンタとともに高校に送る。養鶏にも精を出さねば。なにしろ三人の学費が必要になるのだ。この時五百羽、翌春には二百のひなを入れる予定だった。自給のための畑も重要だ。徹底的に金を使わない生活を続けてこそ、収入の大半を学費に回すことができる。柄にもなく真面目にやりすぎた。おまけに妻は今まで週二日山田市の図書室で働いていたのが、急に毎日朝十時から六時までになった。

朝は不得手だったはずの竜太は意外に元気にこの苦行を続けたが、朝に強いつもりの私は正月明け、疲れが腰にきた。歩くことはおろか立つことも座ることも横になることも、ズボンや靴下を履くのも一苦労だった。とにかくできるだけ眠るしかない。一見、今までどうり朝三時に起きて湯を沸かし飯を握っているようだが、実は半分眠っていた。彼を送り出したとたん瞼は落ち、夢うつつでコタツに潜り込んだ。

喜んだのはサンタだった。この頃、彼の寝場所は土間から上の部屋に昇格、冬はコタツの中だった。だが人間の就寝時にはコタツは消され、夜中は寒々となっていたのだ。彼は私の足にへばりつき、暑くなると外に出、またすぐに入ってきた。

二時間後、竜太が帰ってきた自転車の音がすると、私は夢游病者のように起き出し、彼を迎え、またコタツに戻った。

どうやら通常の生活には支障ない程度に腰痛もいえた一月下旬、大学入試センター試験が行われた。一日目は雪の散らつく寒空だったが、無事玄一を飯塚の会場に送り届けた。助手席にはいつものようにサンタが同伴していた。二日目は打って変わって快晴、帰路、稲築と山田の境の川原にサンタと降りた時は午前十時過ぎだった。春のような日差しの下、気分よくのんびりと土の道を歩いた。イネ科の青い線の束やギシギシ、オオイヌノフグリ等が道の脇にへばりつき、斜めに数メートルの川原には、黄土色の茅や焦げ茶のアワダチ草が茂っていた。

が、それも十五分弱だった。目の前に五匹の犬が現れたのだ。先頭に薄茶で中の小のしょぼくれたキツネ顔。それを追い取り囲む、中の大の白黒、中の茶二匹、小の焦げ茶、首輪をしているのは白黒だけ、あとの三匹はしたたかな面構え。五匹とも純国産の雑種のようだ。

なんのためらいもなくサンタはスーとその集団に入り、あれよあれよという間にその集団は、田んぼから県道方面へ豆粒のように遠ざかり、見えなくなってしまった。その方向を懸命に見つめながら私は急ぎ足で車に戻り、捜索に向かった。

　集団は姿を消した県道沿いの集落ではなく、一キロほど下流の稲築町の山田川沿いを駆けていた。すぐそばまで迫り、車を降りつかまえようとしたが、サンタはするりと逃れ去っていく。彼も他の犬たちも私などまるで眼中になく、例のしょぼくれ犬を囲んで、前に後ろにと目まぐるしく位置を替え走っていく。明らかにしょぼくれ犬は発情期の雌だ。だが人間の場合のようなわいせつ感はなく、男たちはまるでマラソンランナーのように、禁欲的とでも言いたくなる真剣な表情でひた走っている。

　車に戻り、田の畦道で追いつき、また逃げられた。何度かこんなことを繰り返しながら、集団は県道へ、その奥の民家の集落へ、再び県道沿いのカラオケボックスの駐車場へ、その向かいの墓地へ……と駆け巡り、とうとう集落の奥へと消えてしまった。

　ほとほと疲れ果てた。つくづく情けなくなった。今までのこの二年余りはなんだったのか。家族としてなど、ただ私が勝手に思い込んでいただけなのか。エーイ勝手にしやがれと毒づきながら、ひょっとしてと期待を込めて、妻の職場の市民センター図書室に行ってみた。彼女の送迎にはいつもサンタも同伴していたし、妻がこっそり図書室のカウンターの中で彼を預かっていたこともあった。が、来ていない。もしやと山に帰ったが、やはり居ない。

卵取りなど最低限の仕事を済ませ、また例の川原へ車を走らせた。暖かな日差しの下、人も犬も猫一匹いない。急に腹が減ってきた。もう一時過ぎ、そういえば朝飯もまともに食っていない。近くのスーパーに行くと、屋台が目にとまった。目玉焼きの乗った焼きそば、卵はともかく久しぶりの外食だったのでそれなりにうまかった。

さて再び出動と川原に近づくと、見えた！　百メートルほど先だ。必死に目を凝らし車を走らせたが着いた時には姿はなかった。目の前にうっすらと冬草に覆われた田が横たわり、その奥は枯れた丈の高いアワダチ草の密生する炭坑跡地が延々と広がり、さらにその奥は小山の群れが果てもなく続いている。

もはや覚悟を定めてサンタのことはサンタに任せるしかない。仮に帰ってこなかったにしても、ただ二年前に戻るだけのこと。煩わしい事が一気に減ってせいせいするわい……とぶつぶつと自身に言い聞かせながら帰ったが、まるで意気が上がらず、腑抜けのようになって一応の仕事だけは続けた。

午後三時を過ぎると、風が一気に冷たくなった。五時には薄暗く寒々となる。五時半、夕闇は深まる。今夜も底冷えが厳しそうだ。居てもたってもいられなくなって、妻を迎えに行く前にもう一度探してみようと、県道を上山田から下山田へと向かった。下山田の北端からいつもの散歩コース、川沿いの土の道へと左斜めに入った。右側の田んぼも左側の川辺も黒々と闇に沈んでいた。ヘッドライトにこちらに向かう一匹が浮かび上がった。サンタだ。がっくりと前のめりになってトボトボと歩いていた。すぐに車を止めサンタに駆け寄った。全身ぐっしょりと汚れ、泥や枯れ草や動物の内臓や魚の干物やらが混じったような強烈な匂いがしたが、いつものサンタだった。ゴメンナサイといった表情で真っ直ぐに私を見つめた。私の怒りや不信感は彼を見つけた瞬間に吹き飛んでいた。帰ってきてくれさえすれば万々歳だ。

山に帰ってすぐに、妻はサンタの全身を台所の流しで洗い、丁寧にバスタオルでふいた。彼はいつもの倍以上の量を倍以上のスピードで平らげ、コタツに横になるなり深い眠りに落ち込んでいった。

第二章　生命の流れに

一　いとおしき日々

翌年一九九八年一月二十四日の雪には参った。昼前、妻と私とサンタと山田市内の卵の配達と下山田の川沿いでの散歩を終えて、軽ワゴン車で帰路に就いた時だった。突如として灰色の大空の果てから果てまで白い粒に埋まった。四方の車窓が白一色になった。一瞬、時が止まったかのような、日常世界が掻き消えたかのような気がした。見る見るうちに田畑や川土手や家々の屋根が純白のジュウタンに覆われていった。

わずか十分で大通りにも粉雪が積り、車が通ってもいつものようにグシャリと溶けず、ギシギシと氷のように固まった。山田は坂が多い。特に下りが怖い。わがオンボロ車の四輪ともスベスベ、チェーンもない。普段なら十分くらいの所を三十分近くかけて、ようやく帰り着いた。

二月に入った。十五日の急激な冷え込みは応えた。この日、野枝の引越しで長崎から湯布院へ車を走らせた。彼女は大学を卒業、由布院温泉の「亀の井別荘」に就職した。片道一車線の高速道を、大型トラックに追われるように走るのはつくづく疲れた。ぐったりとなって寒々とした闇の中、独り湯布院から日田を経て、宝珠山から小石原へと登る山中では、ヒーターを最高にしても車内はほとんど暖まらなかった。

玄一は一浪して金沢美術工芸大に合格、竜太は島根の愛真高校二年。野枝が学費を援助してくれるのは心強い。なんとか鶏は七百に、卵の会の会員も着実に増えた。

野菜と同様に卵にも旬がある。二月から五月か。元々鶏も人間様のためではなく、子を残すために産卵しているのだから一年中産む方が異常だろう。それに暑さと湿気に弱く夏は産卵は落ちる。さらに晩秋には、羽換えに多大のエネルギーを費やすためがた落ちとなる。ただこの頃には、春にかえったヒナが成鶏になり卵を産み始める。

今年はなんと五月半ばから落ち始めた。五月上旬の湿気と暑さのせいか。死者まで連日二、三羽出た。お年寄りの小屋だったので、仕方ないと放っておいた。ようやく収まった頃、今度は盛りの若鶏の小屋から犠牲者が出た。昼頃、卵を取りに小屋に入ると、二羽がすでに硬くなっていた。次の日もその次も死者が出た。それも朝、餌をやる時は全員元気だったのが、三、四時間後、五つもの遺骸が横たわり、どれも尻の卵が出てくるあたりにぽっかりと穴があき、中は空洞だった。

翌々日の昼前、その小屋に入ると、すみの産卵箱の前で、よろよろと逃げる一羽を五、六羽が取り囲み続けざまに鋭く尻をつついていた。血が飛び散っていた。私は鶏たちを蹴散らし被害鶏を抱き上げた。どうやらこの一羽は助かったが、二羽が血まみれになってぐったりと横たわっていた。ほとんど内臓は空になっていた。ほどなくこの二羽は息を引き取った。

宗像の滝口さんに電話した。彼は三つ年上、自給的農業を営み、鶏の平飼いもやっている。私とは違って緻密で博識だ。

「それは養鶏家では常識中の常識の尻つつきですよ。産卵の時、出血することがありますよね。鶏は赤い血が大好物で、そこをつついて肉や卵を食い破り、しまいには内臓まで引きずり出して食ってしまうんですよ。よっぽどうまいんでしょうね。なんとも陰惨といえば陰惨ですが、意味もなく大量殺戮する人間どもに比べれば、罪のない話なのかもしれませんね……」

彼の教えに従って、まず産卵箱に布のカーテンを下げ中を暗くした。次に山のように青草を入れた。他につつく物をいつも置き、気を紛らわせるためだ。もちろん鶏の健康にも卵の質にもいい。頻繁に足を運び、ちょっとでも出血が見られる鶏は隔離した。どうやら尻つつきは収まっていった。ただ、根本的には鶏の住環境を改善してストレスをより少なくする、できる限り山野に放す、あるいは一小屋の成員数を百羽から七、八十、できれば五十羽にするしかないだろう。

卵が足りなくなったので、卵集めの時はさらに慎重に一個一個をそっとバケツに入れた。そのバケツを次の小屋の前に置き、小屋に入り三、四分後に戻ると、目の前をカラスが一羽飛び立った。卵をくわえたそのカラスは、羽をゆっくりと上下させながら一気に大空へ昇っていった。

それから数日後の午後三時前、やはり卵集めのため鶏山へ登っていると、正面の鶏小屋のトタン屋根の先がかすかに上がり、まるで黒装束の忍者のような何者かがスルスルと現れ、そのまま飛び立っていった。そのカラスの嘴には卵が二つ、三つくわえられていた。

梅雨直前の強烈な日差しの朝、私は鶏の餌の入ったバケツを両手にさげて山の北に向かっていた。緑が溢れんばかりだった。と、その緑から怪しいほどに深い青空へと、カラスの黒が舞い上がった。その嘴の先に黄色い玉のような物が見えた。卵より小さい？……

餌やりを終え、カラスが飛び立ったあたりに行ってみた。樫や栗の木が高々と茂る薄暗がりのあちこちに、山吹色のビワの実五つ六つが房になってぶら下がっていた。ずいぶん前苗木を植えたまますっかり忘れていたビワの木二本が、この悪条件下で健気にも四、五メートルの高さに育っている。猿にでもなったような気分で、木の上でちぎってすぐにかぶりついた。種ばかり大きく果肉は薄い。だが口中にあふれるこの果汁の、生き返るような清新さはどうだ。

この年は事が多かった。十月初めの深夜一時半頃だった。「グギャオー」と闇の奥から響き渡る雌鶏の悲鳴で目が覚めた。ズボンもはかず長靴に足を突っ込み鶏山へ駆け登った。真上にボウと月が漂っていた。山の一番上の小屋に入ると、てんでに甲高い不安の声を発しながら隅に固まり、なおもその内へ内へと潜り込もうとしている二、三十羽が闇に浮かんだ。その傍らから小屋の奥へ中犬ほどの四足が走った。ギョッとして木の棒がないか辺りを手探りした。侵入者は勢いよく跳ね上がり何度も金網に突進した。狸のようだ。私は三、四歩前進した。それを待っていたように、敵は一瞬のうちに戸口の隙間から消えていった。

一羽が小屋の端の地面の穴に逃げ込んでいた。尻から血が流れていた。丸一日後、息を引き取った。

第二章　生命の流れに

夜が明けて、小屋を厳重に点検し、補強した。戸口から入ったとしか考えられない。他の小屋も仔細に見たが異常はなかった。

ところがこの深夜の零時過ぎ、鶏の断末魔の叫びが響き渡った。懐中電灯を枕元に用意してズボンもはいたままだった。即座に駆けつけたが侵入者の姿は既になかった。今度は隣の小屋の外の地面に穴があいていた。穴は中に通じていて、そのトンネルに血まみれの遺体が一つ、内臓がほとんどなくなっていた。無風、黒々とした木々、音のひとかけらも動かない。これは面倒なことになりそうだ……。薄い月明かりの下、私は穴を埋め、あちこちからトタン・スレート・ビニールシート・瓦・ブロック・山石等を運び、小屋の周りに敷き詰めた。

次の夜は、金属バットを用意して待ち構えていた。やはり零時を過ぎて鶏の騒ぐ声、懐中電灯をつけずそっと山を駆け登り、四、五メートルに接近して光の束を小屋の入口に発した。一匹があっという間に闇に消えた。一匹は北の林に向かって逃げた。残りの一匹はまぶしげにこちらを眺め、やがて思い出したように北西に走った。丸々と太った狸だった。私は力の抜ける思いでじっと立っていた。

明けて、私のゲンナリとした顔を見て、妻がくるくると目を輝かせて言った。

「いよいよサンタの出番のようね。」

彼もすでに四歳の男盛り、俊敏、スピード感あふれる。鶏が行方不明の時、ただちに出動、一分もしないうちに草むらから見つけ出し、噛まずに押さえつける。時に無断で外出、山中をうさぎ等を追って駆け巡る。あるいは近所の親しい犬たちに会いに出かける。喧嘩は苦手、何より自由を好む。

私は不安だった。狸数匹を相手に、それも深夜敵の巣窟に乗り込んで、無事に帰ってこれるだろうか。だが妻は自信満々だった。正直、私は三日三晩ろくに眠れず疲れきっていたし、万策尽きていた。それに逃げ足では狸に引けを取るまい。

夜の十時すぎ、私と鶏山に足を踏み入れるや否やサンタは飛ぶように林の中に駆け込み、生きのいい吠え声を夜空に響かせ一気に山を登り、逃げ散る狸どもを追って闇の奥に消えた。

約一時間後、そろそろ帰るかと外に出ていた私の足元に、サンタは息を弾ませて駆け寄ってきた。

これから十年近く、鶏の悲鳴に安眠を破られることはなかった。

この頃、朝夕合わせて一、二時間の散歩のほかは、サンタは家の前の草はらか家の中にいた。土間だけではなく上の部屋も行き来自由だった。妻や私が畑や鶏山から家に戻っている時や、家の周りで仕事をしている時、しばしば中にいるサンタの高音のよく通る遠吠えを耳にした。暇を持て余して、近所の犬たちか何かのサイレンに共鳴しているのだろうと思っていた。

ある時鈍い私もようやく気づいた。あの遠吠えの時はいつも電話のコールが鳴っていて、私が電話に向かうと遠吠えが止んでいたことを。彼の知らせを聞いて駆けつけると、ガスコンロの煮物が焦げ始めていたこともあった。

妻と私はまあうまくいっている方だし、一日中一緒とは言っても、畑も山もありそれぞれ勝手にやっている時の方が多い。それでも些細なことで心と心とが行き違い、黙りこくったり私が一方的に怒鳴り散らすこともある。その嵐の前のさざ波が立つ気配さえ逃さず、サンタは私に寄りかかり両手をジャブのように繰り出し、悲しげな目をしてやめろと訴えかけた。

彼がいるというだけで、食事の時も薪ストーブを囲む時もコタツに入る時も、心弾む暖かさがあった。

もちろん私達の生活が私達だけで成り立っているわけではない。多くの人々に支えられていたが、とりわけ紙野さん一家は私達の師であり、彼等には申し訳ないが避難場所だった。そんな時ばかりではないが、妻と私と感情がもつれ、私が鋭い言葉を浴びせ、妻は心を閉ざし、どうにもならなくなった時、サンタも連れて紙野家におじゃました。

私達が住む山田市から隣の川崎町を抜けて車で三十分弱、添田町の中心部に入る。田畑と街と住宅地が混在するゆったりとした町だ。周りには英彦山をはじめとする山々が連なり、彦山川が町の中央を流れている。そのすぐそばの住宅の並びの端、庭木に囲まれた木造平屋が彼らの住居だった。

妻はすぐに家に入り、私とサンタはまず辺りを散歩した。通りを隔て田んぼが広がっている。一面、薄茶のワラ屑と丈の低い草に覆われ、ひこばえの黄緑が浮かんでいる。それらを両側に見て五、六分歩くと、ＪＲ添田駅に着く。一九七六年春、カネミ倉庫門前から帰ってしばらくして、この田の一角を借りて、紙野さん達が野菜を作っていた。おじさんもおばさんも畑づくりが大好きで、腕も私たちより格上のプロ級だった。昔は鶏もかなり本格的に飼っていたとか。私たちの大先輩というわけだ。

田んぼの道を戻り、川に出た。川幅は四、五十メートル、けっこう水量は豊かでさほど汚れていない。七六年春の再出発の際、おばさんと柳子さんがここで絨毯を洗い、私たちと同様に川に茂る野生化したカブ菜・からし菜等を食べたとか。

サンタには車の中で待ってもらい、私は木戸を開け裏庭に入った。すぐ左手に畳六枚ほどの現倉庫、かつては離れで、ここで一週間寝泊りさせてもらった。

一九七〇年も押し迫り、前述したようにこの四月入学した大学には全く足が向かなくなり、ブラブラとなすすべもなく、けっこう深刻にこの先どうするか思い悩んでいた。例によってふらりと立ち寄った本屋で、何気なく開いた写真集の一ページに目が吸い寄せられた。桑原史成「水俣病」、胎児性水俣病の少女、魂そのもののその瞳に、脳の芯を射抜かれた。この世の全てが空しいとしても、人間の苦悩は決して否定できない。

水俣に寝袋を背負って行った。折も折、水俣病の刑事裁判の現場検証の日だった。その一団に紛れ込み、不知火海にボートで浮かんだ時、その予想に反した透き通った美しさに絶句した。

福岡市の質素な木造の教会での小講演会で、紙野柳蔵さんの話を聞いたのはそんな時だった。話の内容もだが彼その人に一気に引き寄せられた。

一九六八年春頃から、北九州市のカネミ倉庫株式会社製油部製造の米ぬか油（カネミライスオイル）を食べた多くの人々（西日本一体で一万人以上が届け出た）が、全身の激しい吹き出物、手足のしびれや腫れ、重い倦怠感など様々の症状に見舞われた。原因は当初は製造過程で混入したＰＣＢとされたが、後にダイオキシン類こそ主原因と判明した。カネミ油症患者は、肝臓障害、心臓病、呼吸器疾患、不妊、死産、発育不全、ガン等々の難病に苦しみ、死者は三百名を超えた。

紙野柳蔵さんは長年の炭鉱勤務を終え、子供さん三人も成長し、文字どうり晴耕雨読の生活を始めた矢先、家族全員が発病、その重い病を押して先頭に立って一家は被害者救済のため活動した。カネミの加藤社長は被害者たちとの話し合いにさえ応じず、自らの責任を認める心からの謝罪の言葉は一言も聞かれなかった。国も同様だった。一九六八年の二月上旬から三月中旬にかけて、カネミライスオイル製造工程で副生するダーク油によって、西日本各地で約二百万羽の鶏が中毒症状を起こし、四十万羽以上が死亡した。後になってやはりダイオキシンが原因とわかるのだが、もしこの時農林省が原因究明を怠っていなければ、多くが同年の六月頃発病している油症被害者の大半は難を逃れていたのだ。だが国は一切の責任を認めなかった。

しわがれ声で直截に語る柳蔵さんは五十代半ば、顔色は悪く深いシワに刻まれていたが目が生きていた。なぜかこちらのほうが励まされるような気がした。生きていく根源的な力を感じた。

翌七一年の春、私は紙野さん宅に一週間おじゃまして、昼は田川各地の被害者を訪問し、夜は紙野さん一家の話を聞いた。最初は被害者を支援するという思いが少しはあったのだが、

二、三日が過ぎる頃には、一家は師で、私は食客という関係になった。
彼らは本質的に活動家では、闘士ではなかった。あくまでも一人の人間として、神に従い、真摯に生きようとしていた。七二年九月、彼らがカネミ正門前で無期限の座り込みを始めた時、私は思った。そこしか当時の彼らの行き場所、死に場所はなかったのだ。七四年に裁判を下りたのも、当然の帰結だった。生命をどうして金に換えることができよう。七六年五月、座り込みをやめ、コンクリートから土へ、添田に帰ったのも、きわめて自然な成り行きだったろう。私は思う。コンクリートの上で人間が徒党を組み、争う中に、光が、救いがあるだろうか。政治運動、社会活動だけが社会を変えるわけではない。一人一人の生き方が土台から社会を作っていくということもある。

私は裏戸から台所に入った。三人はいつもと変わらぬ笑顔で迎えてくれた。おじさん（八十歳）はほとんど寝たきりのようだ。動脈瘤破裂と腸閉塞と胆石の手術は一応成功したようだが、排泄が困難で夜中も何度も起きなければならず、付き添いの柳子さんも大変なようだ。おばさん（七十三歳）も高血圧、糖尿病……と常に要注意、柳子さん自身も決して無理のできる身体ではない。

おじさんは耳がだいぶ遠くなり、話が一方的で、おばさんや柳子さんから時々叱られている。髪は乏しくシワは深まり、表情はますます澄んでいる。言うことは変わらず彼独特、抽象的で難解。彼の眼差し、しわがれ声、全体の存在感……から、なんとなく伝わってくるような気がする。なにかしら解放される。自身が生きて死ぬ、そのことに正面から向き合う。自身そのままを見つめる。自身に正直に生きる。世間・社会に従わなくていい。立派でなくて、強くなくていい。ただし彼には大前提がある。神への祈りだ。

おばさんの言葉はシンプルで要所をついている。有能な実務家、人間・社会への洞察の鋭い人だ。ただし上から見下すことは決してない。常に祈りがある。私と妻のこともひと目でわかる人で、この日も象のように覚めた優しい眼差しで妻を見つめ、私には少し厳しい目つきで熱い茶を出してくれた。

柳子さんには敬服する。よく身体が持つと思う。おじさんもおばさんも悪くなるばかり。介護の仕事は増えるばかり。神経はすり減る。身体も心も疲れがたまっていく。不安は増大する。

それでもこの三人と、こうして台所のテーブルを囲んでいると、何かしらじんわりとこみ上げてくる。生きていて良かったと思う。相変わらず三人が、教育、食、環境……この地球の進むべき道、人間の生き様、死に様等々、真摯に対等に論じ合っているのも、その輪に加わることができるのも嬉しい。

少なくとも私から見て、柳子さんには悲壮感、耐えているといった様子は感じられない。単に父母のためというより、これが今の彼女にとって自然な、最も納得できる生き方なのだろう。

この紙野一家の死に向けての重い病との付き合いの日々は、必ずしも幸福ではなかったかもしれないが、彼らの人生の中でも最もいとおしい、かけがえのない日々だと私は思った。

二　水と空気と静けさと

一九九九年も特に後半、事が多かった。七月二十日、回ってきた回覧板に、産業廃棄物処分場（熊ヶ畑）の破砕機設置の説明会の知らせが入っていた。それ以前にもちらほらと聞いていたので、やはり来たかと思った。

翌々二十二日、飯塚市にある福岡県嘉穂保健所で調査書を閲覧した。この破砕機は建築廃材のがれき類を破砕して、四十ミリ以下の製品を生産し、道路工事等に再利用する。処理能力、一日当たり六百トン。月間取り扱い予定最大量、コンクリート五千トン、アスファルト三千トン。

地図を見ると、設置予定地はわが雑草園から五百数十メートル、この半径内にざっと百軒、熊ケ畑小学校も入っている。三百メートル以内に十数軒が入る。

やはり騒音がまず心配だった。山に住む者にとって静寂は命といっても過言ではない。破砕機だけではなく、がれきと製品を運ぶ大型ダンプも相当にうるさく、危険でかつ排気ガスが谷間に充満する。なにしろざっと計算して一日に十トンダンプが二十台から五十台往復するのだ。八時間として、多い時は五分に一台、通過する。登下校の子供たちも心配だ。さらに粉塵による大気汚染。その防止のため散水して粉塵を水に吸収させるというが、処理水は山田川に流すとのこと。下流数百メートルに市の上水道の取水口がある。

七月三十一日の夜、市民センターでの説明会に妻と出かけた。約百人の住民が集まり、業者と、山田市・保健所・県職員も顔を揃えていた。

まず業者から破砕機に関する型どおりの説明があり、その後の質疑応答では、地元熊ケ畑からの破砕機以前の産廃場そのものへの不安の声が続出した。何が廃棄されているかわからない。特に地下水・水道水の汚染が心配。被害が出てからでは取り返しがつかない。……

それに対して業者は安全の一辺倒、自分も地元の人間で水道を飲んでいる等々。保健所は前年、産廃場のたまり水の検査を一回やっただけとか。当然、住民側は納得するはずもなく抗議が相次いだ。

もう一つ、重大な問題が畑さんから提起された。実はこの産廃場は農業振興地域につくられている。福岡県によると「農業振興地域」とは、「今後相当期間にわたって総合的に農業の振興を図るべき地域」とある。その県がその地域に産廃場を許可すること自体間違っているし、今また宅地にしか作ることのできない固定式破砕機を設置することなど論外ではないか。出席していた県環境課は農林課の管轄だと逃げたが、これも全くおかしい。産廃場の許認可は環境課が行うのだから。

さきの水汚染とこの問題は徹底して追及すべきところだが、私達住民の力不足と時間もなくうやむやのままだった。業者は業者でこれで説明会は無事終了としたかったようだが、とてもそのような状況ではなく結局時間切れとなった。破砕機の件が前進しなかっただけまあ良しといったところか。

八月六日、雑草園の丸太小屋に山田市民塾の主メンバーが集まった。

この十六年前の一九八三年、わが家も含めて筑豊の四農家で、「農業と暮らしを創造する会」（農創会）を結成した。私達は人と自然、人と人とのダイレクトな結びつきを取り戻したかった。その地、その季節に適した作物を土づくりを怠らずに栽培すれば、農薬・化学肥料は減り（ほとんどは不必要になる）、収量は安定・増加する。その野菜で消費者も自然の営みに合わせて食生活を創っていく。穀類・野菜・果物・畜産物・きのこ類・茶・ハチミツ……さらに味噌・醤油・酢・油・豆腐・もやし・パン・麺類などの加工業者が加われば、良質の原料で安全な加工食品を供給できる。漁民が加わればさらに豊かになるだろう。様々の人々が、今、その場で、生きるために必要な様々なものを通して結びつく。その雑多な絡み合いが「社会」を形づくる。その中で、身の回りのもの一つ一つがどこで、どのようにして、誰によってつくられているのか、自らの生産・廃棄物がどのような影響を及ぼしているのか、具体的直接的に認識し、豊かな暮らしを、産業を、自然を創造していく。この「社会」が無数に生まれ、雑多に絡み合い、新しい社会を創っていく。

会の発足から一年後には、筑豊と福岡の消費者約四百世帯との結びつきが生まれ、週一度その時々の野菜が取れた分量に応じて届けられた。草取り、虫取り、芋掘り、玉ねぎの収穫等、消費者も家族連れで田畑に入った。製粉所を作ろう、余った野菜の加工場はどうか、等々次々に新しい動きが起こってきた。そして三年目の春、わが雑草園で丸太小屋づくりが始まった。丸太小屋は農創会のシンボル・活動の拠点となるべきものだった。誰もが帰ってこれる場、自然と、生命と直に接する場となるべきものだった。

四年目の秋、誠にあっけなく農民同士のいがみ合いが原因で会は崩壊、まるで城壁のように堅固な丸太小屋の土台だけが残った。

ゴルフ場の話が持ち上がったのがそれから二年後、その翌年の春、山田市民塾のメンバーによって丸太小屋づくりは再開、一九九二年初冬、なんとか十坪の小屋が完成した。

メンバーを紹介しておこう。まず代表、初代は柴田良一（医師）、高齢のため病院を閉じ福岡市に移った。次の現代表が千代田力（電気工事業）、私より三つ上、彼の一人暮らしの住居にはサンタも上げてもらえる。家族でよく昼食をご馳走になる。サンタにも皿に盛ったソーセージや竹輪が用意されている。小山寧子（市役所定年退職）、山田のボランティア・文化活動の中心、物柔らか、芯は強い。梅野巖夫（教師）、十歳ほど上、ソフトだが人望厚い知的硬派。松本俊幸（内装業）、五つ上、代表ともども市民塾の中心的存在、骨太かつ繊細。辻田忍（焼き物業）、三つ上、私達より数ヶ月早く山田に移り住み、忍窯を開く。当時からの盟友、不器用で一途。白金運（材木・家づくり業）、彼の店は山田では例外的に賑わっている。彼自身は岩のように静か、言うことは言う。尾田卓夫（プロパン業）、白金さんと同年で二つ上、マメで誠実、社会・文化活動に積極的。草野章、二つ三つ下、彼の洋品店も数少ない華やいだ店で、かつふっと落ち着く静けさがある。彼自身も冷静沈着。そして畑吉明。

サンタもこの会にはなくてはならないホスト役だった。小屋の隅に横たわり、来訪者があるごとに出迎えた。座がしらけた時など、千代田さんの所にトコトコと出向いて戯れた。ただしいつの間にか小屋を抜け出し、夜の散歩に出かけることもしばしばだった。

さて、産廃場・破砕機について話し合ったわけだが、自分たちも含めてあまりにも産廃、というよりゴミ問題全般のことを知らない。まずはその学習会から始めようということになった。

八月二十五日の夜七時、その学習会「廃棄物社会に未来はあるか」が始まった。講師は「遠賀川の水を守る会」会長の松隈一輝さん。この会は、なんの権限・権力・バックもなく、まったくのボランティアで、人と人の結びつき、法律、マスコミ等の力を最大限に発揮させ、筑豊各地の産廃問題に正面から取り組んでいた。産廃業者や役所としぶとく本当に粘り強く折衝し、飯塚市の麻生セメントの不法廃棄物の撤去・処理や、嘉穂町泉河内山中に廃棄された廃車・廃タイヤの撤去など、着実に成果をあげていた。

その先頭に立ち、文字通り寸暇を惜しんで奮闘していた松隈さんだが、まったく闘士風ではなく自然体、柔らかな表情、端的・平明にスライドをまじえて語ってくれた。

まず衝撃的だったのが、河口域に流れ着いた空き缶・空き瓶・ビニール・プラスチック等々の山、山、山だった。山野や道端に捨てられた物も入れると一体どれだけの量になることか。さらに、法を守ってゴミに出せばいいわけではない。同じことなのだ。ごく一部がリサイクルされる以外はどこかに捨てるしかない。

根本的には私たちの生活を変えるしかない。例えば茶、あるいはコーヒー。自動販売機のコーヒーを一杯飲むごとに一缶のゴミ。だけではなく自動販売機の消費電力、缶コーヒーの生産・流通に要するエネルギー、手間暇。しかも茶・コーヒーともに自分で入れたほうがはるかに安く、かつうまい。

例えば弁当・惣菜、買えば一食ごとに必ず塩化ビニール容器のゴミが出る。だけではなく売れ残りは生ゴミの山に。

生ゴミといえば、庭付きの家に住んでいる人でさえ、自分たちの出した生ゴミを土に戻し肥料にするという昔からの知恵を忘れてしまった。落ち葉が土に返り、土が豊かになるということも。わざわざ有料のゴミ袋に詰め、ゴミに出している。

　土があり草があり木々があるからこそ私達は生きていける。夏の暑さ、冬の寒さもしのいでいけることも忘れ、土をコンクリートで覆い、家を閉じ、エアコンに頼り切っている。

　戦後日本社会を一言で表現するなら、土からコンクリートへ、だろう。コンクリートの密室に居る限り、私達は必要なものは金で買うしかない。不必要なものは金で捨てるしかない。私達は自身の生活を自身で創ることを忘れてしまった。この世の中はすべてお金。より多くの金を得ることが絶対なのだ。そのためには生命さえ惜しくないようなのだ。

　産業廃棄物の責を負わなければならないのは、まずゴミを出している企業だろう。国・県の産廃行政はほとんど無策、というより徹底的に首尾一貫している。あの水俣病発生当時から。海から山に捨て場が変わっただけだ。てんから法律など頭にない悪徳産廃業者が多いことも確かだ。だがたとえ法を守ったとしても、水の源にゴミを捨てていることに変わりはない。なにより国・県にとっても法律は建前にすぎない。業者にあまり真面目に守ってもらっても困るのだ。捨て場がなくなるから。要するに国・企業・産廃業者は一体なのだ。業者はいわば国の下請けなのだ。

　住民の猛反対で新たな産廃場が非常にできにくくなったため、なおのこと既存の産廃場は国・県にとって大切なものになった。少々の害が出ても死守しなければというわけだ。

さて破砕機だが、七月三十一日の説明会の次は、関係住民の意見書提出となる。山田市民塾も提出した。やはり産廃場自体の問題の方がはるかに重大だ。まずこの地が農業振興地域であること。県自身が掟を破っている。真相究明が求められる。そして水汚染。この産廃場に何が、どれだけ、どこから運ばれ、どのように処理されるかの百パーセントの情報公開と排水・地下水の徹底検査。これらを公正・客観的に行うために、保健所・市・住民の推薦する専門家で環境監視団を作ること。さらに焼却炉の情報公開・大気汚染の検査。破砕機については、静けさと澄んだ空気・水が命の山間地に設置すること自体、間違っている。運搬の手間暇がはるかに少ない都市周辺の工業団地等こそ適地だろう。

十月二十一日午後七時から下山田小学校白馬ホールで、ドキュメンタリー映画「水からの速達」が上映された。主催は山田市民塾。東京の西のはずれの日ノ出町・谷戸沢廃棄物広域処分場。一九八四年に作られたこの最終処分場には、三多摩地区三六〇万人から出る膨大なプラスチック破砕ゴミと焼却灰が埋められてきた。八年が経過する頃、周辺の河川・井戸水から、砒素やプラスチック添加剤等有害な化学物質が次々に検出された。当局は住民の不安と問いかけに答えないばかりか、第二処分場の建設を急ごうとしている……

過疎化の進む山村が大都市東京のゴミ捨て場になり、結局、人間のみならず全ての生物の生命の源である水が致命的に汚染されてしまう。まさに日本の縮図だ。

会終了後、丸太小屋で監督・編集の西山正啓さんを囲み、どぶろくを飲みながら語り合った。皆一致して印象的だったのは、汚水が漏れないよう処分場一面に敷かれたゴムシートに、鉛筆の先でいとも簡単にブスリと穴が通された場面だった。

何日か経って、じわりじわりと私の心に染み込んできたのは、過疎化した山村に流れる時間の、安らぎに満ちた濃密さだった。


十月下旬の早朝の三時すぎ、私は浅い不安定な眠りから追われるように離れ、サンタと外に出た。グワーンともブーンとも何とも表現不可能な無機的な音が、沈黙の闇の彼方から湧き起こっている。

サンタと私はその音めざして裏山を登り始めた。薄い月の光が漂っていた。鶏山（落葉樹林）を登りつめて黒々とした雑木林に入った。冷厳な山の気と深い土の香が私たちを包んだ。サンタはいつものように平静で足取りは確かだ。

音はだんだんに重くなっていく。まるで巨大なホースか蛇のような青白い物体が足元に浮かんだ。枯れた倒木だった。音が谷中に満ちている。急な傾斜を私は潅木につかまりながら、サンタはスルスルと前足を踏ん張って下った。

突然、目の前の丘の上にまるで蒸気機関車のような異物が現れた。頭から湯気をモワモワと上げ、グオングオンと哮《たけ》っている。産業廃棄物処分場の焼却炉だ。

予想どうりだった。昨夜から音は続いていた。そしてこの日も音は続いた。昼はさほど気にならないが、夕方になると音が際立ち始め、就寝前には耳について離れない。イライラが募ってくる。警察や消防に電話しても無駄なことは経験ずみだった。思い切って業者にかけたが出ない。当たりどころがないので畑さんに電話した。産廃場の地主である彼の知人に言っても、どうしようもないだろうとのこと。畑さんのところでは音は全く、煙・臭いもほとんど感じないとか。わが家と同じかもっと焼却炉に近い家でも、外に出ないし、家はきっちりと密閉され、テレビはつけっぱなしで、全くといっていいほど感じていないようだ。幸い、夜の十時過ぎ、音は止んだ。

十一月に入って、小雨の昼前、いつもの透き通った冷気に刺激臭が侵入してきた。南西の山から灰色の煙、このところ特に雨の日、焼却炉から出る煙の重っ苦しい異臭に悩まされていた。居てもたってもいられなかったのだろう。妻はサンタを連れて通りから産廃場に向か

第二章　生命の流れに

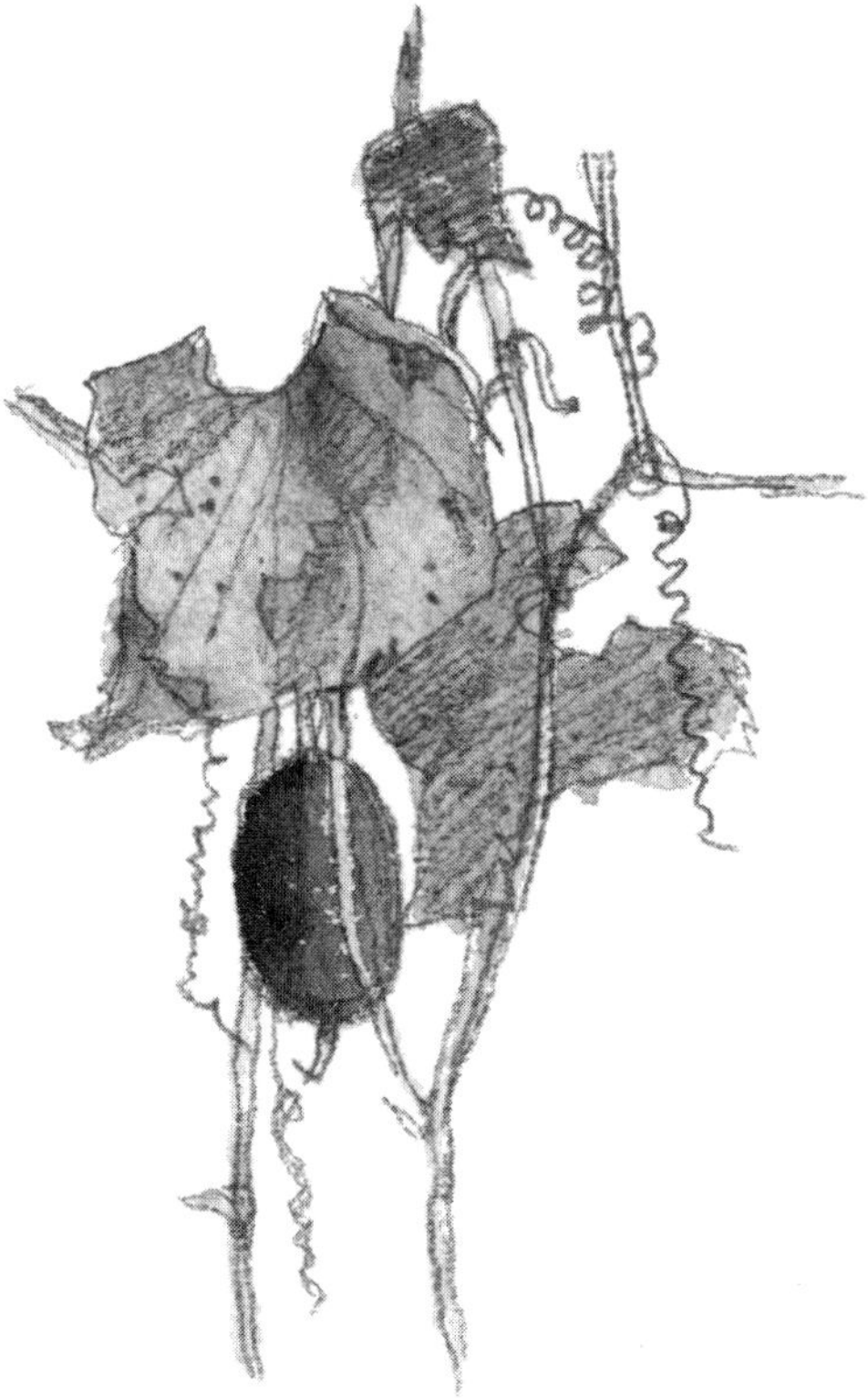

った。三十分後帰ってきて、

「焼却炉は開けっ放しで煙がモワモワ、周りに誰もいなかったよ。あんなんでいいのかしら。」

彼女に促され、私も嫌々重い気分でサンタと産廃場の表門から広い砂利道を登った。サンタは散歩なら何度でも嬉しそう。昼間入ったのは初めてだった。「今日は」と何度も叫んだが誰も出てこない。なおも登った。何台かの巨大なパワーシャベル、ダンプ……見渡す限り露《あらわ》な土だけの面が延々と下がっていく。焼却炉はすでに閉じられていて煙は出ていなかった。結局、誰にも会うことなく私達は帰ってきた。

役所の方々は産廃問題にどれだけ時間を取られてもいい。仕事だから。たとえ裁判沙汰になっても費用は税金から出る。こちらはそうはいかない。どんなに忙しくても住民運動と本業と両方やらねばならない。まだ玄一は大学二年、そして急に高三の竜太が大学に行きたいと言い出した。奨学金や国民金融公庫をフルに活用し、バイトも頑張ってもらうのはもちろんだが、やはり養鶏、そして畑・自給をしっかりやらねば。

鶏は八百に、卵の会会員も順調に増えた。ただこのところあれこれと事が多く心ここにあらずだったのだろう。卵を運んでいる時、足を滑らせ卵を三、四十個割ったり、鶏小屋の軒下のタンクの雨水がなくなり、ホースで水道水を入れていたのを忘れ、一晩中流しっぱなしにしたりとポカが続いた。

　そんな初冬の風の強い午後、その風で戸が開き、鶏が三十羽ほど外に出てしまった。すぐに妻を呼び、二人で囲み、追い込んで二十羽近くは入った。あとは囲みをくぐり抜け、ナラやクヌギや栗の葉が茶褐色に色付く山じゅうに散ってしまった。放し飼いに慣れた鶏なら、そのうち小屋に戻るのだが、初体験だと夜になっても帰らず、狸や犬に食われることがある。一羽一羽二人で追い込み捕まえたが、まだ五、六羽残っていて、辺りを覆う黄土色の茅の茂みの奥に潜んでいるようで、まったく気配がない。

　こうなると頼りはサンタしかいない。待ってましたとばかりに軽快に走ってきた彼は、例の這うような姿勢で一分もしないうちに隠れ場を突き止め、茅の林に飛び込み、鶏を逃さず押さえ込んだ。噛みはしない。ただし今回は数が多かった。その騒ぎに恐れをなし、別の場所に潜んでいた三羽が飛び出しさらに山の上に逃げた。なぜか鶏はいつも人気のないより危険な林に逃れようとする。一羽を捉えている間に二羽が雑木林の奥に入った。サンタと私は追った。鈍い常緑樹がうっそうと茂っている。その暗い谷間へと二羽はバタバタと低空飛行で消えようとしていた。私は疲れがほぼ限界に達し、諦めかけた。だがサンタは一羽を追って十数メートルの崖を飛ぶように下り、すぐに彼の合図の声が聞こえてきた。私は青息吐息で生い茂る野ばらと潅木の間を枝木にしがみついて下り、サンタから鶏を受け取った。さらに彼は追う。私も妻に鶏を渡して追った。未知の場所だった。そこは谷間の底で薄暗くじっとりとしていて、葉の大きな常緑樹とゴツゴツと曲がりくねった太い蔓が密生していた。崖の一角に巨大な石が積み重なり、幅一メートル高さ五十センチほどの穴が奥へ奥へと闇に落ち込んでいた。その入口付近でサンタは鶏を保護した。

汗びっしょりになっていた。困難な仕事をやり遂げた壮快な気分で鶏を抱えサンタと妻のところに戻った。久しぶりのすがすがしさだった。それにしてもよくあんな所にあんな石の洞窟ができたものだ。人間だって一晩くらいなら過ごせそうだった。ただし私は閉所恐怖症なのでとてもとても。狸のすみかだったのかもしれない。

三　生命と生命と

二〇〇一年二月二十二日、紙野柳蔵さんが死去した。八十八歳だった。前年から寝たきりで何度か入院されたようだ。時折自宅でお目にかかったが、苦しそうにやつれ、しゃべることもわずかしかできないようだったが、実に安らかな表情だった。長男の文明さん夫婦や長女の道子さん夫婦など一家総動員体制で看病されていたが、おばさんも身体が危ういので、やはり柳子さんがその柱だった。最期の病院まで付ききりだった。まるで幼子のようにおじさんは彼女に頼り切っていた。

彼の死を聞いた時も、通夜の時も、葬儀の時も、ただ時間と人々が静かに目の前を流れてゆくだけで、ほとんど何も感じなかった。

数日後、いつものようにサンタを助手席に乗せ、卵の配達に車を走らせていた時、紙野夫妻が好きだったバッハの曲が流れてきた。じんわりと涙が滲み出てきた。脇に車を止め、目を瞑《つむ》った。もう彼はこの世にいない。私の心の重い淀みを見通していた。どうしようもない濁りをそのまま受け取めてくれた。身をもって、全身全霊で、生き方、死に方を教えてくれた。

一ヶ月ほどして紙野家を訪れた。いつもの静かな時が流れていた。おばさんは地蔵様の澄んだ覚めた表情だった。柳子さんはどことなく深みと落ち着きが増したようだ。

三月末、野枝が急に由布院の職場を辞めることになった。妻と私と由布院に行こうとしていた日の前夜、家中寝静まり、山々は黒々と沈黙していた。

消防車のサイレンで目が覚めた。何台も何台も下の通りを走り過ぎ、やがてサイレンの群れは山の南を西へと登っていった。急にそのあたりが騒々しくなった。南側のサッシ戸を開けて外を見ると、南西の空が真紅に染まり、山の木々が黒々と浮き上がっていた。産廃場だ。必死にがなる声、火花のはじける音、煙と独特の重っ苦しい臭いも風に乗って流れてくる。山も焼けているのか、バチバチと音が激しくなってきた。飛んでくる火花も見える。また何台もの消防車が産廃場への坂を登っている。騒ぎは一層大きくなった。火も勢いを増している。せいぜい数百メートルしか離れていない。もし山火事になったらひとたまりもない。身一つで逃げるしかない。サンタは大丈夫だろうが、鶏達はどうしよう。

こんな状態が一、二時間続いただろうか。ようやく火が収まり始めた。一旦そうなると目に見えて巨大な紅は縮まり、一気に薄れていった。だが臭いはいつまでも残った。

翌日の午後、由布院へと向かう時も、やんわりと晴れた空に灰色の煙がくすぶっていた。野枝は職場での人間関係の軋轢で心身共に相当疲れているようだ。辞めて良かったと妻も私も思った。その翌昼前、帰ってきた時、まだ煙と臭いが立ち込めていた。市役所に電話、消えたはずと言う。火のないところに煙は立ちませんよね。再び消防車出動、今度は完全に鎮火した。

数日後、荷物と猫一匹と野枝が帰ってきた。彼女は当分うちで暮らすことになった。この雄猫、ニャンニャンが問題だった。サンタが居る。案の定サンタは到着したばかりのニャンニャンを追い、ニャンは家の前の草はらに逃げ込んだ。すっかり暗くなる前になんとか捕まえ家に入れた。土間と居間と妻の部屋はサンタの、その上の三部屋はニャンニャンのテリトリーとし、二匹がその境を出入りできないようにした。

サンタの朝のこの近辺の散歩には妻か野枝が付き合い、午後は卵の配達の際、私が連れ出した。というより彼の散歩のついでに卵を届けた。山田から下る川と嘉穂からの川とが稲築で合流する。そこから飯塚へと下る川沿いの数キロ、幅数百メートルの田園地帯が延々と続く。見通しがきき、川沿いも田の間もほとんど車が通らない。遠くに山々が連なっているが、近くに林はない。散歩には絶好だった。

時は五月、ハコベ、ヨメナ、ギシギシ、ノビル、よもぎ、セリ、カラスノエンドウ等々の柔らかな新緑が生い茂り、キツネノボタンやレンゲやクローバーの花が一面を覆った。

そのレンゲだが、ミツバチの蜜源として最高であり、四月下旬から五月中旬にかけて最も蜜を出すのに、この時期、トラクターで一気に田が起こされてしまう。もうちょっと待てばレンゲの種もできて田のためにもいいだろうに。近年、田植えが早くなった。早いからといって、品質や収量が向上するわけでもないようだが。五月上旬には畔草もきれいに刈られ、中、下旬には水が入り、代掻《しろか》き、遅いところでも六月初めには田植えが終わってしまう。

　そんな見渡す限り四角い小さな池の並ぶ一帯を散歩したのだが、時折サンタは鳥や小動物を追って田に入った。きびしく叱るとすぐに出たが、今度はモグラをさがして畦を掘り始めた。見る見るうちに二、三十センチの深さになった。

　これはまずいとさらに下流に移動した。飯塚市菰田《こもだ》の街並みや菰田小学校のすぐ東を川は流れ、茅やアワダチ草などが茂る川原は広く、川辺には葦がうっそうと生い茂っていた。ただサ

ンタはすぐに道に上がろうとする。車が頻繁に走り抜ける。

もっと下流に行くと、穂波から下る流れと合流し、川幅もより広くなる。あたりは飯塚の中心街で、川原のあちこちに駐車場がある。よく自由散歩中の飼い犬と出会い遊んだ。川辺は整備され水の中にもすぐ入れる。いかにも楽しそうだったが、すぐに街の中に消えた。半日待ち続けたこともある。

そこから車で十分ばかり下流の鯰田《なまずだ》には以前から卵の配達をしていた。川原に立つと、福智山のダイナミックな雄姿が北東にそびえ、冬にはフルイにかけられた砂糖のような雪が頂上付近を覆った。ここは川原もダイナミックだ。広い。川辺も葦等が高々と密生し野生的匂いがする。が、すぐ上が住宅街、いつ犬に出くわすかわからない。サンタと走り出す直前に、牛のようなセントバーナード犬二頭が川原に放たれていることに気づいたこともあった。

七月に入って、稲築の川原に戻ってきた。梅雨の末期、時折晴れた時の日差しは重量級だった。透き通った水が勢いよく流れる田の側溝の中をサンタは走った。除雪車の跳ね上げる雪のような水しぶきを上げて。

二〇〇二年三月一日十六時五十分、妻と私は金沢に向けてＪＲ豊前川崎駅を発った。駅まで送ってくれた野枝が、子供達三人からと餞別六千円を差し出した。野枝と彼女の友人が留守番をしてくれる。私達にとって結婚して初めての旅らしい旅だった。昔ながらの二両編成のディーゼル車で、私達のほかは乗客は四、五人だった。四角い椅子の窓際に向かい合って座り、リュックと大きな風呂敷包みを横に置いた。さっそく私は竹輪を肴にカップ酒を飲み始める。これから三、四日は車を運転しなくていいというだけで素晴らしい解放感だ。

夕方の六時すぎ、小倉駅に着いた。十数年ぶりで、まるで宇宙ステーションのように駅も北口もクリーンに変身していた。昔よく駅前からアーケード街を室町へと歩いた。あの庶民的で雑多な人間臭さが大好きだった。まだ残っているだろうか。駅といえば折尾、どこか筑豊・戦後日本を思わせるくすんだ重厚さがたまらない。筑豊の石炭輸送の重要な拠点だった故か。それ以前は、飯塚、直方から中間、水巻、そして芦屋へと至る遠賀川が大動脈だった。

さて、送迎バスで門司港へ。船に乗り込み、もちろん二等に。広々とした部屋がいい。定員四十人に、私達も入れて十人。とにかく夕食、野枝が用意してくれた風呂敷包みを開く。海苔おにぎり、きんぴら、シャケ、コロッケ、餃子、もやし・青菜の炒め物、卵焼き、ごぼう天。程よい自然な味だ。

九時頃、甲板に出た。四国方面はただ闇、本州に七つ八つ光、下を見れば白く黒く猛々しい海の渦。見上げれば星がポツンポツン、空と海が一体だ。

十時半、消灯、妻ノン、意外にすぐに眠った。私はうつらうつらと波、というより船の振動に漂ったり、起きだしてうろついたり。深夜の一時半、四国にも本州にもずらりと明り、星は見えず頭上に満月。

翌朝六時起床、屋上の風呂へ、外はじんわりと闇から白へ。

六時半、日が出始める。ノンと海に。淡路島が大きく見えた。漁船の灯がいくつも浮かんでいた。やがてアーチ型の橋が遠くに見え、だんだんに近づき、頭上を通り過ぎていった。空が薄白い青、白と赤、ピンクと変化していく中で、真っ赤な日がグングングンと姿を現し、輝かしい時を迎える。透き通った雲が美しい。七時過ぎにはすっかり明ける。

八時大阪着、高架電車から地下鉄。九時、ＪＲ大阪発特別快速、ここからは青春十八切符。三十分弱で京都、列車から見るだけではほとんど変わりない。高層ビルが少ないよう。野洲を過ぎる頃から広々とした田園地帯、空っぽの田がほとんど、たまに麦の青、ぼんやりとした白っぽい青空。列車の中も通勤通学のよそよそしい緊張感なくなる。斜め前の黒いコート黒い帽子の小太りのおばさんは、緑色（抹茶？）のポッキーを食べまくっている。稲枝あたりから麦が多くなる。

　十一時四分、長浜発普通、遠くに山々、広々とした田んぼ、だんだんひなびた感じに。左に琵琶湖、世界が土から水へ。余呉を過ぎてトンネルが多くなる。敦賀で幕の内と穴子弁当（ともに九百円）を買う。昔はよかったとは言いたくないが、最近駅弁で満足したことがない。長い長いトンネルを抜けると、一面二十〜三十センチの雪、山また山。福井平野に出ると雪は消えた。福井はこじんまりと美しい地方都市といった印象、駅のホームの蕎麦うまそう。超ミニの女子高生たち、わが山田高校と同じだ。昼過ぎから曇り空。

　十四時四十分、金沢に着いた。改札口を出てすぐ玄一がいた。ちょっと大人びた笑顔、まあ元気そう。彼の中古のスバルレガシィで金沢美術工芸大に向かった。この車は彼と仲間達の画材・製作材・作品等々の運搬に活躍しているらしい。彼も卒業間近、その卒業製作展に妻と私はやってきたのだ。

　金美は私が在籍した総合大学とは雰囲気がだいぶ違う。芸術・工芸・技術の実践の場、アトリエ・工房・ちょっとした工場といった感じ。卒業制作で印象に残ったのは、戦争画、日本画、彫刻。玄一の作品は折りたたみ自転車、電車・バスにもスーツケース感覚で持って乗れる。なかなかの発想だし外見も悪くないが、乗り心地は今一つだった。他の卒業生の作品だが、自転車を中心にした町づくりのプランニングも面白い。福岡市にいる時はいつも痛感していた。すべての道路が車に占領され、歩行者も自転車も時として命懸けだ。そのくせラッシュ時には渋滞、車より自転車の方が速い。

夕方、内灘に向かった。井上義人・浩美さん夫妻のお宅に二晩おじゃますることになっている。カネミ油症に関わった時出会った。三十年ほど前のことだ。私とは違って、二人とも「公害問題に誠実に関わり続けている。玄一が大変世話になった。この夕はインド料理店でご馳走になった。浩美さんはほとんど変わらず、泰然と優しい。義人さんは仕事でいない。すでに社会人の息子さんは父親似だが垢抜けしている。

井上さん宅に泊まった深夜、便所から帰ると、布団の中に外にいたはずの巨大な猫マイケル君が潜り込んでいた。わずかの隙に、まるで忍者だ。ノンと大笑いした。

翌朝九時、迎えに来てくれた玄一の車で出発、まず海岸へ。快晴、白く柔らかな雲、日本海を左に見て海岸を北東へ。馬二頭がゆったりと走っている。波の白が美しい。砂浜を車で走るのは初めて。これだけ延々と続く砂浜と松並木は三、四十年ぶりだ。私が生まれ育った福岡市の砂浜は、ほとんどコンクリートで塞がれてしまった。やがて左も右もすべて海、一羽のカモメと一艘の漁船。右遠方に能登半島。

九時半過ぎ、金沢市郊外の田園地帯に帰ってきた。パチンコ屋と高利貸しだけはどこにでもある。兼六園、卯辰山工芸工房と回り、正午前、街の中の小さな寺、願念寺に行った。古い造りの本堂、庭の隅に何日か前の雪の小山、芭蕉の門人一笑の「一笑塚」がある。誰に会うでも、どうという所でもないが、しばし木立に佇んだ。

昼食は近江町市場の回転寿司、客が多い。ちょっと待った。確かにネタが新しくうまい。初耳だったが回転寿司は金沢が元祖とのこと。ノンはさすが太っ腹、一番高い皿ばかり取っている。私は鯖・いわし・あじの方が好きという安上がりな性分だ。後で聞けば、皿に三段階あるのを知らなかったらしい。そういえば寿司は愚か外食をほとんどしたことがなかったよね。

午後は石川近代文学館へ。明治を思わせる重厚な二階建て。中野重治、室生犀星、萩原朔太郎、西田幾多郎、鈴木大拙……とこちらも重厚な本格派。図書館や大型書店のようにピッカピカでない。沈み込むような落ち着いた雰囲気、一日中いても疲れない感じ。全体に金沢は自然体、文化と土の匂いがいい。気品と安らぎ、創造性がいい。

夕方、井上さん宅へ。二人に挨拶をして玄一は帰っていった。義人さんは相変わらず眼差しが純で優しいがちょっぴり皮肉っぽい。言うことも穏やかそうでけっこう厳しい。夕食はでかい蟹、アスパラガスの牛肉巻き、すき焼き（麸《ふ》いり）に新潟の酒、冷やをグッと喉に流した。生き返る心地だ。

当然紙野さんの、そしてキリスト教の話になった。キリスト教は西欧近代文明の世界各地への侵略の先兵であり、精神的支柱だった。このあたりをどう考えるのかと私が問うと、

「私はキリスト教というより、イエス・キリストに従いたいと思っています」

と浩美さんは静かに言った。柳蔵さんが生きていたら何と答えるだろう。

翌朝、六時起床、ノンと海を見に出かけた。快晴、白く冷たい朝。家を出て三、四分、あたりは住宅地だが風に潮の匂い、ほとんど水平な道が空と海に向けて延々と伸びる。あたり一面砂浜と草原だったろう遥か昔の情景がモノクロで迫ってくる。大きな犬を乗せた軽トラックが海へ走っていく。

「サンタ、どうしてるかしらね。海に連れて行ったら喜ぶだろうね。それとも立ちすくんでじっと海を見つめるかな……」

と、ちょっと寂しそうな微笑でノンが言った。

海は怖い。どこまでも重く暗い。圧倒的な存在感、そして開放感。灰色の波が次から次へと押し寄せ激しく砕け散る。丸い海、丸い地球、船の一つも見えない。乳白色の空にカラス

二羽。ふと後ろを見ると、日の出。五分後、日が波にこぼれ、波のしぶきが初々しく輝き躍動した。

七時過ぎ戻ると、義人さんはすでに勤務先の大学へ。浩美さんもすぐに出かけ、マイケル君ともう一方の猫も外。布団を畳み、荷物の整理をして、朝食、御飯・味噌汁・おでん・ポテトサラダ・麸の餅、充実し過ぎている。昼食はいらないよう。

九時二十四分発、内灘。どこか懐かしい小都市郊外のローカル電車始発駅。十時三十四分発、金沢。祭りの終わりか。

十一時二十三分、加賀温泉、乗客増える。六十年配のおばさん達、元気。男は一人旅が多い。受験が済んだであろう私服姿の女子高生三人伸びやか。十二時、福井駅ホームで蕎麦。

十四時二十五分、近江高島を出て、海のような琵琶湖。穏やかだ。風なし。空高く、ジェット機の飛行機雲が大空を真っ二つに。

十六時すぎ、大阪の地下街で弁当を買う。雑踏に疲れた。十七時四十分発、フェリー。

翌三月五日朝、五時前起床、甲板に出る。雨、左九州、右本州、ずらりと生活の光並ぶ。六時十分、門司港着。バスで小倉に七時到着。

うっすらと明ける小雨の中、駅前にかつてあった美味しい立ち食いうどん店を捜したがない。唯一開いていたラーメン店で朝定食をと思ったが、ノン気が進まず、私のいつもの空腹時のイライラが出て口論になった。ホームにもうどんはなく、家に電話しようとしたが公衆電話もない。日本社会はどうなっとるんじゃ、ケータイファシズムじゃないか……とノンに当り散らす。彼女はしょんぼりとした表情。せっかくここまで仲良く旅してきたのに……ノンごめん。

八時、日田彦山線のディーゼル車に乗って、心が落ち着いてきた。車内はガラガラだった。九時前、採銅所、急に筑豊の匂いが強くなってきた。土、むせるような緑、池・川、そして人間・生活の臭い……

長い年月、離れていたような気がした。生まれるずっと以前からこの地に存在していたような気がした。

四月十五日、生後二ヶ月の雌山羊を熊本県菊池市から軽ワゴン車で連れてきた。もう半分大人のような覚めた表情だった。名をメリーとした。サンタがいくと、頭突きの構え、小さいなりに迫力がある。苦手だと思ったのか、それ以来彼女に近づかなくなった。頑固さも成山羊なみだった。ナラ、クヌギ、栗、柿等の柔らかな緑が山中を覆い、シイ、クス等の新緑があちこちで入道雲のように湧き起こり、野や畑にも緑が溢れていた。山羊が好物のはずの柿の葉やカラスノエンドウ等を持っていっても見向きもしない。米ぬかも小米も食べない。ひたすら畑の隅や土手に生えるイネ科の細い線ばかりを食べ続けた。

山羊を飼おうと言いだしたのは野枝だった。彼女は主に妻の手伝いをして、自分の畑も持ち、メリーや弱った鶏の世話もした。私が出不精なので、妻と二人で福岡の私の実家や妻の父、久留米の妻の母、それに紙野さんを訪問した。山田の人たちとも積極的に交流し、五月十九日のけやき祭りにも、妻とコーヒー・クッキー（雑草園にたわわに実ったグミのおまけ付き）の店を出した。

サンタはこの一、二年が最も事が少なかったように思う。彼もすでに七歳九ヶ月、ずいぶん落ち着いてきたし、相手が三人もいて散歩が十分にできたということもあった。私は相変わらず卵の配達にサンタを伴った。土曜や月曜はよく田川方面に飼料購入に出かけた。ここには英彦山から添田、大任、伊田、金田等を経て直方で遠賀川に合流する彦山川があり、広々とした川原が続く。その伊田から金田への川原でしばしばサンタと散歩した。落葉樹と草々に覆われた小人の国の島のような細長い中洲がいくつも並び、川辺には丈の高い葦がうっそうと茂り、鳥たち、特に渡り鳥たちの姿が目立った。その鳥を追ってサンタはよく葦のしげみに消え、私はノビルや菜の花を採り、のんびりと一時間ほど過ごした。

田川にはＪＲ田川駅はない。繁華街・アーケード街が、官庁街を挟み後藤寺と伊田に分かれ、それぞれにＪＲ田川後藤寺駅、田川伊田駅がある。その伊田駅の近くの店で飼料を積んだ帰り、巨大な原っぱにサンタと遊んだ。筑豊にはよくある。炭鉱関係の跡地だろう。一応、工業団地などに整備されているフシもあるが、使用されないまま放置され、広大な地が原野化している。それも町のすぐ近くに。

まとまった雨がようやく止んだ午後、霧とも雨ともつかぬ灰白色の世界に、あちこちに密に茂る潅木類の新緑や、二メートル近くにもなる黄土色の茅と焦げ茶色の棒のようなセイタカアワダチの群れ、その足元一面に湧く鮮やかな緑……。しばらく私と歩いていたサンタが、池のような水溜りに波のような水しぶきを上げて突進、数羽の鳩くらいの大きさの野鳥たちが低空飛行で飛び立った。サンタは今度は茅の茂みを嗅ぎ回り、奥に入っていった。と、その十メートルほど先から、やれやれといった感じで何者かが姿を現した。茶色の中犬くらい、狸だ。彼（もしくは彼女）はその風貌に似合わぬ敏捷さで姿を消したので、サンタは気づかなかったようだ。四、五分後、出てきて、辺りを伺いながら別の茂みに入っていった。ふっと静寂に包まれた。かすかに町の音が聞こえてくる。まるで湖の底だ。

八月五日午後七時、熊ケ畑活性化センター集会所で、亀工房コンサートが始まった。やろうと言いだしたのは野枝で、千代田さん、白金さんを始めとして山田市民塾のメンバー等に支えられ、なんとか格好がついた。というか、この盆前の最もせわしい最も暑い時季、クーラーもない会場に満席（六、七十人）は上出来だろう。

「亀工房」というより亀ファミリーあるいは亀ジプシーとでもいうか、一家六人が日本中を車で旅して回るプロのバンドだ。年の順に父親の前澤勝典さん（三十七歳）はギター、母親の朱美さん（三十一歳）はハンマーダルシマー（台形の箱に張られた七十本前後の弦を二本の木製のバチで叩く）。れおさん（十歳）、海悠君（六歳）、響さん（三歳）、裕気君（一歳）は演奏はしないが、存在だけでこのバンドのなくてはならないメンバー。シンプルで深いギターと、チェンバロよりずっと柔らかで懐かしいハンマーダルシマーとが、生命の響きを紡ぎ出していく。心安らかに洗われる音楽だ。

丸太小屋で泊まってもらって翌六日、二台の車でサンタも連れて嘉穂町に水遊びに出かけた。途中、山田川に亀を生け捕りにする罠を仕掛けた。単なるバンド名ではなく、亀には並々ならぬ情熱・見識を勝典さんは持っているようだ。翌朝、彼が見に行くと四匹の亀がかかっていた。すぐに放したそうだが、あの種の亀が棲息している川はそれほど汚染されていないらしい。
二〇〇二年八月十五日、紙野トシヱさんが死去した。八十三歳だった。柳蔵さんが逝って一年半、時たまお邪魔したが、おばさんは心この世にあらずといった風で、表情が枯れきって童女のように透き通っていた。彼女は逝くべくして逝ったのだ。
悲哀といったものは感じなかった。彼女は私の中に居る。毅然とした表情、身も蓋もないほどあっさりと本質をつく語り口、小気味いい気っ風のよさ。いつまでも私の魂に存在し続けるだろう。
私は魂と魂との響き合いはいつまでも残ると、受け継がれていくと思う。何かかけがえのないものを感じた魂は必ずそれを持ち続け、育み続ける。生命と生命、魂と魂の響き合いは消えない。一雫の雨のように。大地にしみこんでいく。宇宙に溶け込んでいく。
心の貧しきものは幸いである
貧しいからこそ、自身の心そのままと向き合うしかない
空白だからこそ、空をかみしめるしかない
汚いからこそ、弱いからこそ、人間そのままを、自身そのままを、受けるしかない

四　病む日々

二〇〇二年の残暑も厳しかったが、九月半ばになって秋の気配が少しずつだが確実に濃くなっていった。白菜、人参、大根、小松菜、チンゲン菜、カツオ菜、彦島菜、高菜、春菊、ほうれん草……と種を蒔いていった。

九月三十日朝十時半、軽乗用車で雑草園を出発した。目的地は九重。晴れ、運転は野枝、助手席に妻とサンタ、私は後ろの座席を倒した荷台に、缶ビール片手に荷物と一緒に横になった。車は国道二一一を走り、日田から二一〇号線に、豊後中村からいよいよ九重に。サンタは平常どおり。時折、後ろにやってきて寝そべった。

昼過ぎ、長者原に着く。大船山（一七八六メートル）の登山口、標高一〇五〇メートル。大分県と熊本県にまたがる阿蘇・九重、私にとって特に九重は若い頃から特別の存在だった。

正直、植生とか花とか紅・黄葉等々はどうでもいいのだ。その「気」なのだ。私が惹かれるのは。私が畏れ、脅えるのも。ずっと以前、三月に独り九重に入った時、一面雪だった。早朝、白一色の大船を登るのはゾクゾクと心底震えるほどに怖く、同時に官能的としか表現できない歓喜があった。マゾヒズムの一歩手前。宗教的至福に通じるだろう。濁りも、淀みも、空白も、ぬめりも、倦怠も、憎愛も、血の臭いも、汗の臭いも、緑の、土のむせるような臭いもない。私が高所恐怖症でなかったら、日本アルプスの、事情が許せばヒマラヤの氷の世界にのめり込んだろう。

初秋はまだ優しい。ただ気がどこまでも透き通っているだけ。かすかに色付く木立の中を登っていくうちに、やがて黄土色の草の茂みと、背丈ほどもない潅木の群れの世界が、見渡す限り一面に開けてくる。いつもいつも圧倒的な緑に抱かれているからだろうか、この枯れた世界に突き抜けるような開放感を覚える。残念ながらサンタは解放するわけにはいかない。この果てしない異界に引き寄せられ、帰ってこなかったら困る。

三時頃、坊がつる（一二二三メートル）に着いた。紅葉はまだで、しかも月曜だからだろう、この広々とした茅野が原に、私たちだけという贅沢さだ。東に大船山、西に三俣山（一七四五メートル）、聞こえてくるのは、小川の柔らかなせせらぎとかすかな風の音だけ。その風ももう冷たくなり始めていた。テントも夕食も野枝任せ。ここに来るための準備もそうだった。

五時、夕食、六時、テントの中に三人と一匹横になった。までは良かったのだが、しばらくして私の生来のもう一つの病気が出てしまった。閉所恐怖症だ。狭い密室に閉じ込められた気分になると、いてもたってもいられなくなるのだ。やはり私は到底登山家・冒険家にはなれそうもない。野枝と妻にすまんと謝り、懐中電灯と寝袋と焼酎のワンカップを持ってテントを出た。寒い。真っ暗闇だ。こんなにも星があったのか。凍りつくような輝きが天を埋め尽くしている。無人の避難小屋まで数十メートル、三十年ほど前二泊したことがある。なんとかたどり着く。全体は昔と同じ開々と入口の広いコンクリートだが、以前にはなかったドア付き寝場所があり、埃だらけだが木製の床もある。助かった。さすがに外もだがコンクリートに寝袋はきつい。妻と野枝を守らなければならないのに申し訳ないと思ったが、何かあったらサンタが教えてくれる。鶏飼いの性、わずかの音でも目が覚める。底冷えとはこのことだろう、震えながら焼酎を一気に飲み寝袋に潜り込んだ。しかしこの真の闇の安らぎ、美しさはどうだ。

翌朝六時、うっすらと明け始めた。テントに行くと、サンタが出てきた。二人は眠っている。散歩に出かけた。丘ともいえない小高い草地に登ると、白い夜明け一面に黄土色の茅が浮かんでいる。ほぼ同じ色のサンタの尻尾がその中を泳いでいく。時折、草の波に隠れるが、それほど離れていない。

朝食時、妻に聞くと、最初寒くて眠れなかったが、サンタを寝袋に入れたら途端にポカポカになったとか。

午前中の十一時すぎ、長者原に下りてきた。温泉に独り悠々と浸かった。

秋冬野菜の種まきがほとんど終わった十月十五日、同じメンバーで英彦山に登った。午前九時、車で出発、曇り。英彦山は田川郡添田町、筑豊の南端、大分県との境に位置する。古くからの修験道のいわば聖なる山、筑豊だけではなく福岡の人々にとっても特別の山だ。標高一二〇〇だが、山の奥深さでは九重に引けを取らない。特に水、渓谷。渓流に時を過ごすだけで、上まで登らなくても山の気に浸ることができる。

今回は一気に豊前坊（標高八〇〇メートル）まで走り、十時過ぎ、中岳（一一八八メートル）に向けて登り始めた。九重とは打って変わって水気たっぷりの杉の巨木の深い森、生命の源。途中、急傾斜の岩場があった。鎖がついていたし、なんとか私でも登れたが、サンタが登れない。飼い主に似て高所恐怖症なのか、強引に上から引っ張っても動かない。首輪を持ち抱き上げるようにして、サンタと私とようやく登ることができた。実は私自身も足がすくむ一歩手前だったのだが。なんの病気でもそうだろうが、病気でない人には絶対に理解できない。どうしようもないのだ。病気が出てしまうと。

昼前、目的地に着き、頂上付近のブナの原生林をゆっくりと眺めようとしていた時、にわかに空が暗くなり、ポツリポツリと大粒の雨、さらに青白い光の幕がまたたき、空の奥から雷鳴が響いてきた。

とにかく峰、そして尾根が危ない。楽しみにしていた昼食もとらず、急ぎ下山した。雨が本格的になった。雷も。光と音が近い。サンタを連れ急いだ。後ろに野枝と妻。急ぐ理由がもう一つあった。風邪をひいていたのだ。なんとしても、こじらせるわけにはいかない。何があってもとにかく毎朝、餌をやらなければならない。このおかげで三十年近く、私のような病弱の怠け者がなんとか生きていくことができた。病弱といっても中途半端、風邪をひいてもめったに高熱が出ない。休んでも治らない。いっそほどほどに動いたほうがきついけれど気分がいい。ただ、汗をかいてもいいが、身体を冷やすのが一番いけない。

だが妻と野枝も気になる。巨木の下で雨宿りした。だいぶ下りてきたので雷は大丈夫だろう。やがて姿を見せた彼らを後にまた急ぎ黙々とサンタと下った。びしょ濡れになったがまだ身体の芯は冷えていない。ようやく車にたどり着き、大急ぎでサンタをバスタオルでふき車に入れて、下着から全部着替えた。良かった、寒気はしない、焼酎がありがたい。が、こんな時だけはウイスキーかブランデーのほうがいい。

家に帰ったのが二時過ぎ。身体全体がグニャグニャで心底腹がへった。うまかった！　即席豚骨ラーメン（袋入り）。

さて、しばらく触れなかったが、例の産廃場の焼却炉はますます勤勉に稼動し、被害もますますひどくなった。しばしば朝八時過ぎから、地の底から響くような重苦しい音と共に灰色、時には黒色の煙と異臭が漂ってきた。だが、かすかだが光も見えてきた。ダイオキシン等の猛毒性がようやく一般に認識され、国も重い腰をあげ、焼却がきびしく規制されるようになった。一時は行き過ぎもあった。燃やすこと即悪となり、枯れ草・枯れ木、そして五右衛門風呂でさえ燃やすことがはばかれるようになった。学校等のミニ焼却炉はほとんど姿を消した。

だからといって産廃業者がすぐに改めるわけでも、保健所が厳正に指導・監視するわけでも、警察が取り締まるわけでもない。こちら側から抗議の声を上げていくしかない。山田市はまったく頼りにならなかった。一応市にも言い分はある。基準値を超える硫化水素やダイオキシンの発生事件のたびに市は業者に文書で抗議した。その後、業者の営業許可更新時には、県に許可しないよう意見書を提出。例の二〇〇一年の火事の際は、産廃場の閉鎖と許可取り消しの要請文を県に提出した。しかし結局のところ、産廃場は維持どころか拡張を続けた。しかも市と断絶ということで、市は監視どころか中に入ることさえできなくなった。

煙のひどい時は役所に電話してとにかく見に来てもらった。個人的には誠実で有能な人はいる。せめて保健所との連携・情報開示（焼却炉の燃焼ガスの温度・排ガスの一酸化炭素とダイオキシンの濃度等々）を進めてもらわねば。もちろん保健所には頻繁に電話したし、畑さんや議員さんたちと足を運び、産廃場の指導・監視の徹底を要請した。廃棄物の埋め立ての方はまったくわからないが、少なくとも焼却炉の煙は少しずつだが改善されていった。

明けて二〇〇三年一月二十三日、野枝は田川市の小学校に常勤講師として通い始めた。もともと小学校の教師を志望していた。水を得た魚というか、子供達と接するのが楽しくてたまらない様子。インターネットで安価な中古車を手に入れ、大雪の日もチェーンを用意して早朝から登校した。

ただ、学校という所は閉じた空間に人間がひしめき、病原菌・ウイルスの巣窟になりがちだし、あまり強い身体でもない。しばらくは不調を押して勤めていたが、三月に入ってすぐ、激しい咳、熱も三十九度、とうとう学校を休んだ。

喜んだのはニャンニャンだ。彼もうちに来て二年、白・茶がほどよく混じり、中型でスラリとしたなかなかの美男だが、身体が弱い。元気になったと安堵したら又病気の繰り返しだった。この時はちょうど回復期で、いつも野枝が留守がちだったこともあって、彼女にまつわりついた。

翌日の四日、急に寒くなった。雨のち曇り。五日も曇り、野枝は思わしくない。車で二十分ばかりの田中医院に連れて行った。インフルエンザをこじらせたとか。抗生剤が出た。翌六日、雨、野枝が目を覚ますと、傍らに鶏の死骸と自慢げに鳴くニャンニャン。昨日死んだ鶏を私が忘れて外に置いたままだったのを運んできたようだ。病弱でろくにネズミを取れないので、何か仕事ができることを示したかったのだろう。

七日、未明から本格的な雨。朝、坂道の露出した表土がヌルヌル、できるだけ草の上を餌のバケツを両腕に登る。肩も足も重い。少し寒気。夜になってゾクゾクと寒い。体がだるく眠れない。野枝の薬をもらってなんとか少し眠る。彼女は小康状態。

八日、雨、脂汗をぐっしょりとかいて餌やり、しんどかったあ。午後、卵の配達の時、ホルモンを奮発して買い、夕方、焼酎をあおり、十数年ぶりに食いたいだけ食って風邪退治、明け方の二、三時間眠って、熱が引いたかな。

十日、晴れ、七時過ぎ、日が出る。野枝、一週間ぶりに学校へ。夜、焼酎のまずいこと。熱、ぶり返す。十一日、朝寒し、霜、橙色の朝焼け、喉痛し、とにかく餌やり、風も日差しも秋のように切れ味がいい。午後、田中医院に、インフルエンザではなかった。

十二日、朝からきつく、寒気、やっとの思いで餌やり、卵の配達を終えて午後四時半、熱三十七度五分、三十年ぶりの私としては高熱。冷酒を三杯、カレーライスを掻き込み、夕方六時、布団に潜り込む。夜中、何度も起きる。十二時すぎ、頭が痛い、明日からどうなることか、竜太に帰ってきてもらわねばと思う。

十三日、霜下りる、妻と野枝、鶏の餌のおからと小学校の給食の残りを運んできてくれる。地獄に仏の思い。おかげで六時から八時、深く眠れた。朝食後、餌やりも妻が手伝う。少々うるさいが助かる。卵取りも青菜やりも妻がやってくれた。午後、卵配達、稲築町の川原をサンタと散歩した。菜の花の黄が目にしみた。夕方、ずいぶん気分よくなる。熱は三十六度八分。

それからも微熱での雨の中の作業が続いたが、なんとか持ちこたえることができた。一週間近く、アルコールは飲めなかったが、十八日、やっと焼酎の味がした。

野枝は今の小学校での一年間の仕事を辞退した。職を争うことになる他の教師のことを配慮したようだ。これでいいと思う。また仕事はあるだろう。

三月も末になって、ようやく平熱に戻った。妻と野枝とサンタと嘉穂町の川原へ弁当を持って出かけた。晴れ、ちょっと風は冷たいがいかにものどか。桜は八分咲き、気だるく足も重い。サンタは菜の花の光と風と軽々と走った。どぼどぼと沼地に入り全身泥だらけに。青々とした深みに放り込んだ。その後は三十分ほど土手でモグラ捜し、あちこちの小さな土の山に鼻から突っ込んで嗅ぎ周り、両前足で穴を掘る。私の体調はパッとせず重かったが、春の生命の流れは鮮やかだった。特に落葉樹の枝々に湧き出る無数の新芽は、病み上がりの身体に染み入るような清々しさだった。

四月半ばの生暖かな夜の七時過ぎ、サンタが外に出て帰ってこない。八時頃、床につき、十二時頃目覚め、サンタの寝場所である妻の部屋に行くと、まだ彼は帰っていない。時折狸等を追って山中を駆け回ることはあるが、三、四時間で帰っていた。こんなに夜遅くなるのは初めてだ。恐らく例の近所の雌犬が発情期なのだろう。

外は月が出て山を歩ける程度に明るい。歩いて五分もかからない。通りの向かいの家で、その裏に急勾配の小山が迫っている。家も山も寝静まっている。二匹の雌犬が私にけたたましく吠えた。家と山に挟まれた細長い庭につながれている。その庭の隅から何者かが裏山に駆け上った。どうもサンタのようだ。一旦道を戻り、小山の向かいに回り、逆方向から獣道を登った。やはりサンタがいたが、私を見るとスーと姿をくらませた。何度か繰り返したがどうにもならない。家に戻り布団に入った。

いつもの時間に目覚めた早朝、今度は餌と紐を持って出かけた。ひんやりと白々と明け始めていた。もう事は済んだのか、まだチャンスを伺っているのか、サンタは山のてっぺんの近くで、雌犬達の方に向かってじっと座っていた。腹も減っていただろう。私の手から煮干を数匹食べ、おとなしくつながれて帰ってきた。

それから一週間後、山羊のメリーが無事一匹の赤ん坊を産んだ。雄でメルと名づけた。この三十年で十頭ほどの山羊と付き合ってきたが、こんなに子煩悩な母山羊は初めてだった。血と体液と泥と枯れ草にまみれた赤ん坊を隅々まで丁寧に舐めた。まだ足腰がヒョロヒョロで定まらない子山羊が必死になって乳首を求めてくる。それに合わせ乳を吸いやすいようにじっと中腰になって、子山羊が細い喉首をゴクンゴクンと鼓動させすわぶる姿を、いかにも優しげな眼差しで見守った。

その日のうちにメルは真っ白な姿で新緑の野に出てきた。二、三日で駆け回るようになった。両乳房がいつもペシャンコになるほど彼は存分に乳を吸収し、春の日差しをたっぷりと浴び、木々や草々と共にぐんぐんと成長していった。

この時期、カラスも子育て中で、高カロリーの食物を求めたのだろうか、急に鶏の餌のトウモロコシが狙われるようになった。これまでもカラスや鳩、雀などが、飼料置き場兼作業場に落ちている餌をついばむことはあった。今回もその程度と油断していたのがいけなかった。四月下旬の朝五時過ぎ、いつものように作業場に行くと、トウモロコシの袋に直径二、三センチの穴があけられ粒がこぼれている。次の朝行くと、二羽のカラスが飛び立った。トウモロコシの新しい袋が大きく破られている。重苦しい気分、厄介なことになりそうだ。

この頃、鶏は八百から九百羽、卵は一日ざっと三百五十個、山田及びその周辺、田川、飯塚、桂川方面の百数十世帯に配達していた。竜太が高三の後半になって急に大学で臨床心理学を学びたいと言い出し、ドタバタと下関の私立東亜大学に入ってこの時四年。すっかり落ち着いた青年になり、バイト先の居酒屋さんではかなり信頼されているようだった。野枝やすでに就職している玄一や妻の父からの援助、あと奨学金と国民金融公庫をフルに活用して、なんとかここまできたが、やはり日常的柱は養鶏だった。米ぬか・おから・給食の残り・古小米・耳パン等、それに青草をふんだんに使い、トウモロコシは一般の三分の一以下に抑えていたが切らすわけにはいかず、いつも十袋から二十袋、積んでいた。

とにかくまず厚いビニールシートでびっしりと覆った。その日の夕方、暗くなるまでは無事だった。翌朝、シートが破られていた。早朝のまだ明けきらぬうちにやられたのだろう。餌を混ぜ、鶏小屋に運び、帰ってきた時、三、四羽が飛び立ち、近くの栗の枝にとまった。給食の残りが入ったバケツが倒れていた。ヒッチコックの「鳥」を思い出した。どんどんカラスが増えていくのではないだろうか。

こうなると必死だ。とにかく完璧に遮断するしかない。不幸中の幸いというか、おからや米ぬかはカラスの口に合わないようだった。トウモロコシ等の穀類もだが、それより給食とかパンとか人間が調理したものをめっぽう好んだ。これは鶏も、それに狸も同様だった。彼らにも人間と同じような味覚が、好き嫌いがあるのだ。案外、煩悩といったものも、人間の専売特許ではないのかもしれない。

まず餌の入ったバケツを簡単に倒れない場所に置き、重い蓋をした。トウモロコシは倉庫替わりの廃車に収め、その日に使う分はきっちりと蓋のできる大きな茶箱に入れた。下にこぼれた餌は一粒残さず拾い、その場を離れる時はいちいち蓋をした。ポケットにいつも小石を入れ、カラスを見かけたら投げつけた。これでほとんど被害はなくなったが、一ヶ月ほどはわずかの隙も許されなかった。

五月に入って、ハゼ、クヌギ、栗、柿、すもも、梅、梨……と枝々の新緑は鮮やかに分厚く山中を覆った。子ヤギのメルはすでに少年になっていた。野山をしなやかに軽々と駆けた。全身から生命が溢れていた。

ぐったりとニャンニャンの精気が抜け落ちた。ガクリと食欲が落ち、食べてもすぐに戻した。六日の朝十時過ぎ、雨の中、野枝と妻が嘉穂町の愛犬病院に連れて行き、点滴で少し持ち直した。翌日、雨はやみ曇り、この日も点滴。少し食べる。元気が出てきた。夜、小さな蛙を捕まえてきたと野枝が喜びの声で報告した。

翌八日、雨、薬が切れたのだろう。またぐったりとなった。夕方、点滴。九日、晴れ、ニャンニャン朝から動かない。目の光が乏しい。ずっと野枝、付き添う。彼女が学校の仕事がなく、このところ家にいたのは、ニャンニャンにとって何よりだった。夕方、少し落ち着き、野枝に代わって妻がそばにいた時、ニャンニャンは強い叫びを一声発した。これが最期だった。気配を感じて私も駆けつけた。すでに息は絶えていた。静かな表情だった。なんとも痩せこけていた。よく生きたよね、ニャンニャン。

終章

一　菜の花の光と風と
大空へ駆け抜けし君は

二〇〇五年は直前の大晦日から大雪だった。なんとか野枝は大阪から、玄一は東京から帰ってきた。竜太の京都の勤め先は書き入れ時で休めない。その大晦日の夜、四人とサンタと、いつものように火を囲み、できたばかりのおせち料理――がめ煮（鶏肉・ごぼう・里芋・人参・昆布等）、黒豆、卵焼き、栗きんとん、酢かぶ――と青ネギだけのかけ蕎麦を食べた。私は純米酒の冷やを存分にのみ、早々に寝床に引き上げた。

明けて元旦の早朝、めったに得られない全き静寂。純白の巨大なカステラのような屋根の雪。すべてが白一色だ。

雪かき、鶏の餌やり、そして上の山の柴の枝葉を切り山羊小屋に運んだ。厳寒期の貴重な山羊の食料だ。サンタを自由にさせて散歩に出かけた。重い灰白色の空からまた雪が落ち始めた。下の通りも沈黙の別世界だった。サンタは雪しぶきを上げ突き進んだ。雪の海を犬かきで泳いでいるよう。

道が熊ケ畑への下りになった。一気に視界が開けた。追い風が強くなった。大空にはみ出るように勢いよくサンタは走った。雪が真横に流れていた。その天空に落葉樹林がそびえていた。木々を覆う白は冷たく光っていた。光は激しく震えていた。大地も白、大空も白、空《くう》も白、一切が空《くう》。息をしているのはサンタと私だけ。

三日、朝六時起床、月が明るい。寒さは緩んだ。八時半すぎ、玄一を送るため車で妻とサンタも乗って出発。帰り、山田・稲築の川沿いを散歩した。アワダチ草は姿を消し、茅は黄土色に縮み、オオイヌノフグリ、ギシギシ、イネ科の青い線などが這うように生き残っていた。田んぼは微細な黄緑にびっしりと覆われていた。日差しが穏やか、無風、いつものように数十メートル先をサンタ、それを追って私が急ぎ足、さらに後ろに妻。ふっとサンタが川土手の茂みに入り、出てきて三者一緒になり、橋に近づいた。

橋のたもとで三人の年配の男性が釣りをしていた。その傍らに黒猫が背筋を伸ばして座っていた。魚のお余りを待っているのだろう。明らかに野良、毛は貧相でやせ細っているが全体に精気が漂う。目が鋭い。呼び止める間もなくサンタが飛びかかろうとした。黒猫は背を高々と盛り上げ歯をむき出し威嚇《いかく》の声を発した。直後、背後の水辺の草むらに飛び込んだ。サンタも追った。が、すぐに止まった。猫の気配がない。彼は川に浮かぶ黒い木切れに向かって吠えた。よく見るとそれが猫だった。水の中の猫を見るのは初めてだった。ノロノロとだが向こう岸へと進んでいる。若い頃のサンタなら飛び込んだろうが、なにしろこの時期、水は氷のようだ。橋を渡ろうと駆け上がるサンタを妻はしっかりとつかまえ、じっと黒猫を見つめている。私も思わず応援した。クロも生きるのに必死なのだ。幸い、無事岸にたどり着き、姿を消した。

わが家には前年の五月末、生後一ヶ月未満の雄猫がやってきた。ニャン太と名づけた。ネズミどもが夜は天井裏で運動会、白昼でさえ、それも土間の人間の目の前を闊歩するようになったのだ。なにしろ鶏の飼料等食い物はいくらでもあるし、隙間ばかりで出入り自由だ。ニャン太は手の平に乗るほどの黒と灰の長毛種、目ばかりでフクロウの赤ん坊のよう。やたらと狭い所に入りたがり、姿が掻き消えたと思ったら、タンスに閉じ込められていた。全身ノミとダニの巣で洗ってやると、翌朝、ぐったりと。慌てて病院へ。車の中で息も絶え絶えになった。どうにもたまらない気持ちになった。静かに死なせてやるか。「とにかく病院へ」と妻（鶴）の一声で駆け込む。肺炎だった。すぐに注射、助かった！　抗生物質様々だ。ちなみにこの病院で実は雌猫だと判明した。芸者さん風にニャン太郎と改名した。

彼女は毛も目の光も深い存在感ある乙女に成長した。普通なら夜の指定席になるはずの妻の寝床をサンタに占領されているので、やむなく私の寝床を伺うようになった。正直、迷惑だった。私は猫であれ人間であれ、どんな美女であろうが、眠るときは独りで身も心も解放されて過ごしたい質《たち》なのだ。連夜の葛藤の末なんとか落ち着いた。布団の中ではなく上の端、腰から膝のあたり。なんのかんの言っても厳しい寒さの夜は助かった。ちょっとでも引っ付いているだけで、じんわりぽかぽかとなる。

なにしろわが住みかはもう二十五歳（普通、掘っ立て小屋の寿命は二十年）、屋根は古トタン、壁はベニヤ板で断熱材もろくに入っていず、年々すきま風も元気になる。なぜか私は子供の頃から石油ストーブが嫌いで、寒い時は夜七時前から寝床に入る。朝には腰が痛くなり、嫌でも五時には起き出さなければならない。

二月二十二日の早朝はこの冬一番の寒さだった。零下四、五度か。計八枚（うちトックリセーター二枚）を丸々と着込み、布団に腰まで入って熱い茶を片手に書いたり読んだりした。

ようやく明け始めた六時半、まずは身体を暖めようとサンタと鶏山を登った。彼はうちでは薪ストーブかコタツか妻の寝床がなければ過ごせないが、外で自由の身であれば溌溂と躍動していた。一気に急坂を登った。私はよろよろと後を追う。畑や野山は霜に凍っていた。上の山は鈍い常緑樹が分厚く大空を覆い、一面の落ち葉は凍っていない。フカフカサクサクと暖かそうな茶褐色だ。その所々で、落葉樹の窓から差し込む白い光に、粉砂糖のような霜がうっすらと光っている。ふっとサンタの姿が消え、谷間の暗い林へと落ち葉を駆ける乾いた音が遠ざかっていった。ま、予定通りだ。

十分ほどして尾根の北西の端から戻ろうかという時、突然、三、四十メートル前方に、闇から抜け出てきたような青みがかった土色の大鹿が現れ、空中をゆったりと大きく駆けた。それを追ってサンタも姿を見せ、例の獲物を知らせる甲高い声をあげ疾走した。見る見るうちに差は開き鹿は南の奥へと消えていった。

一時間後、鶏に餌をやっている時、待ちに待った日が出た。山のすべてが輝き、やがて緩んだ。野のハコベやオオイヌノフグリは小さな花をいくつか開いている。咲いたばかりの梅は造花のように生気をなくしていた。

三月に入っても、急に厳しい寒が来たり、数日の穏やかな日とまとまった雨のあと又激しい雪……。ようやく三月半ば、気持ちのいい晴れ、霜もなく、満開の梅に蜜蜂たちがワンワンと群がっていた。野全面に緑が湧き立ち、山のあちこちで椿の深紅が開いていた。

夕方の卵の配達の帰り、いつもの山田・稲築の川沿いを散歩した。オオイヌノフグリの青い花が一面に。ちらほらと菜の花、その甘い匂いがかすかに漂う。ギシギシやカラスノエンドウも伸びやか。田んぼも特にイネ科の線が太く長く成長している。例の橋のたもとで、野良猫のクロが釣れたばかりの魚をもらっているのが見えた。早くもクロはこちらに気づき後ずさりしかけている。幸いサンタはまだ気づいていない。反対方向へと川沿いを私とサンタと走った。

四月に入って、桜、桃、李、梨……と相次いで花開いた。雑木林のてっぺんの山桜は流れる雲のよう。梨の花の白は胸がときめくほどに清楚。

夏のような日差しの午後、稲築のスーパーで買い物をした後、すぐそばの川原で散歩。さて帰ろうかと車の横でポケットをさぐるがキーがない。確かに車を閉めポケットに入れた。サンタと川原に戻りながら探した。菜の花がまぶしい。水辺の柳の緑が目にしみる。田んぼでは生い茂る雑草のあちこちに、レンゲの赤紫が浮かんでいた。サンタは文句一つ言わず協力してくれたが、三回往復してしらみつぶしに調べてもない。鍵に狸か鶏の臭いでも付いていたら彼が見つけてくれたろうが。二時間あまりが過ぎて、鍵屋さんに電話、すぐに来てくれた。一万三千円なり。

痛い出費だった。ただでさえ金が出て行く時期だった。五月六月八月と計三百羽のヒナを入れる。その小屋も新築しなければならない。材木は上の山から切り出したり古材で間に合わせても、金網とトタン（一小屋六万円弱）は買わねばならない。

ありがたいことに養鶏は順調だった。目標の八百をこえ、それでも卵は足りないくらいだった。この所、冬になると日本各地で鳥インフルエンザが発生していた。もしウイルスが突然変異で鶏から人、さらに人から人へと感染するようになれば多数の死者が出る。野鳥が有力な感染源とされ、外に閉じていず消毒も不十分な平飼い・放し飼いは特に問題視されていた。幸いうちは無事だった。養鶏を始めて一度も薬剤は使わず、ニューカッスル等の伝染病の被害もない。ほとんどの平飼い・放し飼い養鶏場が同様のようで、ただ一度鳥インフルエンザが発生した大分の場合は、ウイルスの運び屋とされるアヒルを川から連れてきて鶏と同居させていた。それ以外はすべて土・外界から遮断され衛生完備の近代的養鶏場で発生している。最も肝心な鶏の生命力・抵抗力を私達は見落としていたのではないか。清浄な空気と水、日光、運動、何よりも土、土に育まれる食物、特に青草等々が健康には不可欠ではないか。もちろんうちもいつ発生するかわからない。できるだけのことをして後は祈るばかりだ。

四月は晴れが続いた。落葉樹の枝々に緑の点が湧き、山中に吹き流れた。それらはいつの間にか面へと成長し、二次元から三次元へと雲のように山全体を覆った。クス、樫等の常緑樹も新緑に代わり、入道雲のように空に躍動している。その下の地面には、まだ枯れ切らぬうちに落ちた旧葉が、いくつも横たわっていた。

五月半ば、新緑の勢いが飽和状態に達し落ち着く。数日、秋のような涼しい晴れの日が続いた。そんな金曜日の午前中、飯塚方面の卵の配達の後、川原を散歩した。セイタカアワダチ、茅、とりわけ葦の勢いは目を見張るようだった。高さ一メートルから二メートル、幅数メートルの水々しい葦の林が、淀みない灰色の川の流れに沿って延々と続いていた。すぐにサンタはその林の中に駆け込んだ。後を追うと林を分けるように獣道ができている。水面を渡ってくる風に緑が大きく波打っている。すぐ近くのはずの車の音が遠く別世界に感じられた。
三、四十分後、車に戻り、後ろのドアをキーで開け、摘んだ野草を入れパタンと閉めて、キーを中に残していたことに気づいた。すでに遅し、ドアは開かない。ＪＡＦに来てもらおうと公衆電話を捜して再びサンタと歩き始めた。五分弱で国道二〇〇に出た。ひっきりなしに車が疾走していく。大型貨物が目立つ。ガソリンスタンドの若い男性に聞くと「ない」と素気なく言われた。コンビニの前にもない。紳士服、靴、パチンコ、ラーメン、工具、作業服……と大型店舗が並ぶが見当たらない。サンタは黙々とコンクリートを歩いているが段々に前のめりになり、口を大きく開けせわしなく息をしている。もう昼近い。日差しは強くなってきた。ひと回りして戻ってきた。どうしよう。

ふとすぐ近くの川辺の「養護老人ホーム」が目に止まった。コンクリートの建物だがなんとなく柔らかムードで殺伐としていない。事情を話してなんとか電話を貸してもらおうとサンタを残し中に入った。なんと玄関先に小さなピンク色の公衆電話があった。お年寄りにはケータイは苦手の人が結構いるのだろう。

五月二十三日、顔や首、腿のあちこちが痒くてたまらない。この三晩、何度も目が覚めた。布団を日に干し、部屋を徹底的に掃除したのだが。体中点検しても、布団を隅から隅まで見てもわからない。小さな小さなダニか。妻の部屋も同様だった。仕方なくバルサンを午前中焚いた。これがサンタは嫌だったのかもしれない。

もう一つ、夕食後、翌朝には思い出せないほどくだらないことで妻と口論になり、私が険しい怒鳴り声をあげた。その最中、わずかに開いていた上のガラス戸からふっとサンタが外に出た。

いつものことと放っていたら、翌朝、帰っていない。例の二匹の雌犬の所にもいない。隣の梶原さんはすでに亡くなり、配藤さん夫婦が住んでいた。おばさんは十ほど上の物のわかった人で裁縫のプロ。妻は古布、それに卵や野菜を持っていき、服を作ってもらった。「サンタさんは見かけんかったよ」とのこと。妻と車で心当たりの場所を回るがまったく気配がない。こんなことは初めてだった。

仕方なしに帰って鶏の餌やりを始めたが、なんとも重苦しい気分で力が入らない。妻は私以上に心ここにあらずだ。なにしろ毎晩一緒に寝ていたのだから。わが子というか、空気のような存在だったのだから。

とうとう昼の三時を過ぎた。又妻と車で捜しまわるがなんのあてもない。本当にプッツリと消えてしまった。

味のしない夕食をとり、焼酎をがぶ飲みしてとにかく眠る。

目が覚めたのが夜中二時すぎ、眠れただけでもよかった。やはり帰っていない。何冊か拾い読みし四時半、明け始める。少しウトウト。五時すぎ、起床、とにかく餌やりを済ます。青草を刈り、鶏小屋に放り込む。晴れ、風は冷たい。七時半、妻と歩いて通りを下った。両側は山、やがて民家が並ぶ。尾浦地区のサンタと妻といつも散歩していたコースをたどる。

一人、しばらくして又一人、顔見知りに出会うが見ていないとのこと。帰り道、配藤さんの裏の竹林に行ってみたが居ない。ひょっとしてとわが家の土間に足を踏み入れたが空だった。

どっと椅子に座り込んだ。五、六分して外に出た。熱い日が降り注いでいた。なにか白っぽい茶色の猫みたいのが坂道を登ってきた。サンタだった。一回り小さくなったような気がした。大声で妻を呼んだ。彼はヨロヨロと土間に入った。妻と私と駆け寄った。全身ぐっしょりと汚れ、足の皮がむけていた。目も開けられないほど疲れ果てていた。食べ物も喉を通らない様子だった。だが命に別状はないようだった。

配藤さんも下の橋垣さんも喜んでくれた。市民塾の松本さんはお祝いにビールを持ってきてくれた。週に一度、山の水をもってきてもらい、時折昼食を共にしていて、サンタと親しかったのだ。サンタは土間で静かに寝ている。目を開け反応はする。大丈夫のようだ。本当によかった。何もかも一気に解決した気分。

翌二十六日、まだ寝てばかりだが少し食べた。夕方、ちょろりと家の前に出た。

二十七日、晴れ、車で二、三分通りを下った町の美容院で、妻と私と髪を切ってもらう。そのお礼に四季折々の野菜を届ける。ここの店主、会田さんは私たちと同世代の女性、わが尾浦地区に山を挟んで隣接する木城地区の自宅から通う。私たちの話を聞いて、くっきりとした目を大きく見開いて言った。

「そのサンタ君が帰った二十五日の朝、うちの周りの犬たちが一斉に悲鳴というか雄叫びというか、ただならぬ遠吠えを上げていたわよ。彼が恋犬に逢いに来ていたのかもね。」

夕方、妻とサンタは散歩に出かけた。彼は途中、疲れて動けなくなったらしい。

二十八日（土）、気持ちのいい日和、サンタは朝ちょっと出た後はずっと横たわっていた。昼過ぎ、丸太小屋でウトウトしていたら、妻が飛び込んできた。サンタがいない。裏口が開いている。そんなバカな、あの身体で……。だが確かにいない。近くにもいない。大声で叫んでも姿を見せない。それにしてもそう遠くには行けまい。すぐに帰ってくるだろう。

ところが夕方になっても、夜になっても、深夜二時を過ぎても、白々と明け始めても帰ってこない。朝の六時すぎ、妻と車で探しに出かけた。まず木城・筑紫地区へ。この日は山田市一斉の清掃日で、筑紫地区ではすでに壮年の男女二、三十人が、草刈やゴミ拾い等賑やかに始めていた。手当たりしだいに尋ねていったが誰もサンタを見た人はいない。

隣の木城地区の通りから少し山に入り、家の前にいたおばあさんに聞くと、ビーグル風の犬が山から降りてきたのを見たが、昨日か一昨日かはっきりしない。ここから山を獣道で抜ければ、うちまで十五分程度だろう。もしサンタだとして、山に戻ったならとっくに帰ってきているだろう。

結局、徒労に終わった。夜、土間の出入口は開けたまま。五、六時間、浅い眠りに漂った。

翌三十日早朝、帰ってない。長丁場になりそう。まずはこちらがしっかりしなければ。最低限の仕事を確実にすませ、車で妻と再び木城・筑紫へ。さらに山を超えて川崎町へ。その途中の峠から眺めると、下界は山また山、その間にポツンポツンと人間の集落があるのだろうが、ほとんど見えない。到底この黒々とした樹海の中を捜すのは不可能だし、野生の動物を追ってならともかく、恋犬に逢いに山には入らないだろう。

暗い常緑樹林の中へと道を逸れ、一気に急坂を下ると、思いがけず一面の田園地帯に出た。四角の小さな池がいくつも並び、あちこちに田植え機と苗を積んだ軽トラック、ちらほらと人間の姿。こんな所だとよそ者が来ればすぐにわかる。だが見かけた人はいない。

そのまま水田に沿って下り、川崎町真崎に出て、県道から国道三二二に入り山田市へ。下山田、稲築といつも散歩していた川沿いの道を車でゆっくりと行く。ほとんどの田に水が張られ、点のような苗が浮かんでいる。大きな手のひらのような葛の葉が、セイタカアワダチや茅をしのぐ勢いで川原を覆い尽くそうとしている。

家に帰って昼食、卵・ニラ・小松菜たっぷりのお好み焼き、とにかくしっかり食べる。電話が鳴る。配藤さん、近くに白い犬が、妻駆けつけるがすでに姿はない。

午後は三週間前から予約していた福岡市の歯医者さんに妻と出かけた。やめようかとも思ったが、じっと待っていても辛いだけだし、誰もいなくても帰るときは帰る。ここしか彼の場所はないのだから。それにこの重苦しい流れを変えたら彼が現れるような、私達が外から帰ったら家の中に待っているような気がしたのだ。土間に食事と水を置き、灯をつけ、戸を開けたままにしておいた。

歯の治療がすんで、これも前々から予定していた映画「バンジージャンプする」を見た。

テーマは永遠の愛か。それもけっこう深刻で酷しい。日常・世間が重い。俺だったら永遠の人よりそばにいる人だな。今、この場で共に生きている人を決定的に傷つけたくない。ただこればっかりは当事者になってみないと。良くも悪くも愛の引力は強烈だ。

映画の前、時間があったので新天町の本屋の二階で過ごした。ちょうど書斎ぐらいの広さの一角、思想とか言語とか宗教とか、ほとんど人が寄り付かない、不思議なくらい静かな場所。ボーと立っているだけでいい。

たまたま手に取った「禅的生活のすすめ」(ティク・ナット・ハン著)を珍しく買った。要するに呼吸が肝心なのらしい。吸って、特に吐く。そのことに意識の、存在のすべてを集中する。それで実際、少しは落ち着く、素人の私でも。なぜだろう、こんなに不安になるのは。

山に帰った時、すっかり暗くなっていた。家の中はこうこうと灯りがともっていた。やっぱりいなかった。妻も私も無言だった。彼はいないのだ。どうにも悲しくなった。

翌三十一日から、朝、妻と散歩を始めた。六月一日の朝、熊ヶ畑の通りに下った所で、中高年の男性が歩いているのに出会った。畑さんの家の近くで犬を見かけたとか。すぐに戻って車で行くと、確かに独り通りを歩いているが一回り大きい黒っぽい犬だった。

保健所に電話、サンタらしき犬は捕まっていない。彼の写真を保健所に郵送、郵便局にも写真を置いていく。なにしろ郵便配達さんは隅から隅までバイクで回るし、犬には敏感だ。思ったより好意的で皆に伝えると言ってくれた。夜から小雨、妻、濡れていないだろうかと涙声。

二日も雨、サンタの写真付きビラを山田のあちこちに配った。午後は稲築、飯塚へ、卵の配達も。夕方も小雨、たっぷり飲み七時前から眠る。十時過ぎに目覚めまた飲み眠る。

三日、晴れ、五日ぶりでまともに眠った。午前中、妻と桂川、飯塚へビラ配り・卵配達。川崎先生宅で昼食をご馳走になる。ビーフンときりたんぽ、心温まる品々だった。彼女は私たちと同世代、妻が勤めた中学校の主《ぬし》のような平教師で、豪放磊落かつ繊細、生徒に多大の人気があった。今は退職し、母親と愛猫との静かな充実した生活。動物たちへの愛着が深く、放浪犬に詳しい彼女の友人に、犬たちの溜まり場にサンタがいないか捜索をお願いしているとのこと。少し気分が軽くなる。

午後はビラとそれを拡大したポスターを持って、山田高校・山中・上山田小・下山田小・熊ケ畑小、さらに朝日・毎日・読売・西日本の新聞販売店を回った。

四日（土）、晴れ、この日も卵・ビラの配達。夜中、いつものように目覚めたが、一週間ぶりに酒に頼らず再び眠ることができた。

六日、快晴、朝六時、筑紫の女性から電話、上山田に放浪犬がいる。すぐに行ったが茶色の小さな犬、放浪が長いようで、冷め切った警戒一色の眼差し、野良の世界の酷しさを思う。

七日、晴れ、朝六時から、畑さんの案内で、川崎町の杉本さん大西さんとお隣の産廃場を見に行った。川崎町では産廃場をつくらせない闘いの正念場を迎えていた。私は何をやるのも億劫だったが協力しないわけにはいかない。ひょっとしてサンタが迷い込んでいないかとの思いもかすかにあった。

何回か私は正門から訪問したり、雑木林から焼却炉のすぐ近くまで行ったりしたが、最も肝心な廃棄物を埋める現場は見たことはなかった。今回そのいわば産廃場の腹部を見ようと、正門のほぼ真向かいの北西側から山を登った。道などない林を何回か下ったり上がったり、二、三十分で巨大なすり鉢の縁にたどり着いた。まるで大峡谷のようなむき出しの地肌の底に、様々のゴミ、ゴミ、ゴミ……青いシートの切れ端や合板の破片、白いビニール袋があちこちに見える。まさに文明の腸《はらわた》だ。山々への冒涜だ。文明の、私たちの罪深さを思う。ますます気が重くなる。

十一日（土）、曇り少し雨、夕方暗くなって福薗さんとヒヨコ百羽到着。彼は三つ上、養鶏の同志かつ師。ヒヨコを小屋に放して夕食。掘りたての馬鈴薯のコロッケ（私の唯一の得意料理）、貰い物の自家製鮒の甘露煮、春雨ときうりの酢の物、豆腐。どうしてもサンタの話に。彼はじっくりと聞いて、彼の養鶏場がある宗像の近くの野犬の収容所・刑場に行ってみようと言ってくれた。翌日電話があり、サンタはいなかったとのこと。

十三日（月）、晴れ、大阪の野枝が本格的に作り送ってくれたサンタのポスターをあちこちに持っていった。中国映画「山の郵便配達」をテレビで見る。郵便配達の老人に同伴するシェパード犬が冷静沈着、表情が澄んでいる。映画全体も澄んでいる。

十七日（金）、曇り、川崎先生宅で昼食、長崎皿うどんと餃子。三人で話すうちに、サンタはいい女の所に居ついているのだと一応結論づける。夜、暗闇で押しつぶされそうな気持ちを何とかしのげるようになった。翌土曜、晴れ、久しぶりに五時起床。夜、三週間ぶりにあまり飲まなくて済んだ。

二十日（月）、晴れ、ムシムシと暑い。午前中、梅ちぎりをすませ、昼前、ビラ・ポスター配り。スーパー、百円ショップ、嘉穂中央高校、穂波西中学、嘉穂高校、嘉穂工業高校……。夜、夢を見た。一昔前の廃品回収業者の自宅兼仕事場のよう。だだっ広い野っ原やトタン屋根の物置に、廃車、自転車、リヤカー、サッシ戸、材木……と一見乱雑に置かれている。小さな畑もある。奥は山。犬が四匹駆け回りじゃれあっている。三匹は土色の和風雑種、もう一匹がサンタだった。ずっとここに生きてきたような落ち着いた元気な様子だった。

二十七日（月）、曇り、ようやく時々雨、たまに出る日差しが重い。午前中、川崎・田川方面にビラ配り。翌日も時々雨、午後、電話、川崎中の生徒が安宅《あたか》で見た。可能性はある。安宅は実は山田・熊ヶ畑の隣なのだ。間に山々が横たわっているが、昔は山道を歩いて行き来していたとか。それに小学校もあるので食べ物も住みかもなんとかなるだろう。妻とすぐ出発。一旦真崎に出、山に入る。車で二十分。小学校でもその周りでも見かけた人はいない。その一軒、庭先で仕事をしていた若奥さんと妻は意気投合した。この片桐さん夫婦は関東から移り住み、自給自足を目指し無農薬農業を実践している。私たちの同志なのだ。彼女によると、添田町との境の峠によく犬がたむろしている。またその近くの養護老人施設に犬がよく迷い込むとか。行ってみたが徒労だった。帰り道、田んぼの前の掲示板にポスターを張った。いつの間にか稲は二十センチ以上に成長し青々と田一面を覆っている。もう一ヶ月が過ぎたのだ。

二十九日（水）、このところショボショボと雨が続く。毎週、鶏の餌を配送してくれる男性と話す。車に轢かれ死にかけた犬を知人が助け世話している。サンタに似ている。胸が高鳴った。すぐその知人宅に行こうとしたが、もう一度確かめて電話するとのこと。翌朝七時前電話、外から走って受話器を取った。雌犬だった。妻も私も一時間余りぐったりと横になった。

七月二日（土）、久方ぶりに激しい雨。翌日、熊ヶ畑の活性化センター（地元農産物等の直売所）のおばちゃんから電話。うちから歩いて十分の伊藤牧場に傷ついて動けない犬が。空いている古い牛舎の隅に、汚れた灰色の犬が横たわっていて、近づくと唸り声をあげた。放浪の末動けなくなったのか。最期の場が見つかっただけでも良かった。

七月七日（木）曇り、「尋ね犬」の広告（一万五千円）を朝日新聞の朝刊に出す。朝八時電話、田川の工業団地の近くで見た。ここから十キロもない、車で二十分、犬の足でもそう遠くない。以前、飼料を買いに行った帰り、サンタとこのあたりでよく散歩した。町外れの谷間の田園地帯で電話の主と会った。サンタらしき犬が隣の田のビニールハウスにいたが今は姿は見えない。彼に教えられ近くの工事現場に行く。山を大々的に崩し巨大なコンクリートの箱がほぼ出来上がっている。雑木林と赤土とプレハブの休憩場に犬が二匹いて、一匹が親しげに駆け寄ってきた。初対面のビーグル犬だった。

五、六日雨が続いた。十五日（金）、西日本新聞に、翌日、読売新聞に広告を出した。その朝六時、電話、すぐに田川伊田駅へ、いるにはいたが一回り大きく土佐犬っぽい。青い首輪をつけウロウロと飼い主を捜している。明らかに捨てられたのだ。誰かに拾われるのを祈って帰路についた。夜の十二時前、土間に帰ってきた音、飛び起きて電灯をつけると狸だった。いつも開けたままの出入口からノソノソと出て行った。

梅雨が明けた。十八日早朝、サンタがうるさいおばさんに追っかけられてうちに逃げてきた。夢だった。土間に下り、外に出た。まだ暗かった。

二十一日（木）、電話、新飯塚駅前で見た。ただし数日前。午後、卵の配達の後、駅前、さらに車ですぐの遠賀川の川原に行った。時折ここでサンタと散歩した。葦や茅、セイタカアワダチ草が二メートル近くに伸び猛々しく生い茂っている。彼は川沿いにわが家に向かっているのではないか。飯塚から稲築、さらに山田へざっと十キロ、ずっと川原が続き、そのほとんどが彼と散歩した所なのだ。その川沿いの道路を走り、稲築と山田の境、あの健気な黒猫と出会った橋のたもとに行ってみた。クロの姿は見えなかったが、橋の下に布団があった。クロのために釣り人のおいちゃん達が持ってきたのだろう。ひょっとしたらサンタもここに泊まったかもしれない。

二十三日（土）、毎日新聞に広告、午後、電話、六月末、稲築のセブンイレブンで見た。翌日、その女性と稲築で会う。写真を見せると似ている。すぐにコンビニに行って聞くが見たことがないとか。

周りは延々と田が広がり、一メートル近い茅のように濃く硬い緑の稲が一面覆っていた。川原に溢れんばかりに茂る葛の葉は、カサカサの薄緑で秋の気配さえ感じられる。

どうにも捜しようがない。

心が疲れ切ってしまった。

二　さよならサンタ

この年の八月は灼熱の日々が続いた。あきらめ切れずに妻と車でポスターとビラを持って、宅急便、プロパンガス、保育園、食料品店、雑貨店……と回った。時折通報があり、すぐに行ったが徒労だった。松本さんが穂波町を車で走っていた時、すれ違った車の助手席に、サンタのようにすっくと座り前方を見つめる犬がいたとか……

九月になっても暑い日が続いた。二日（金）、安宅から片桐さん夫婦来訪、木陰で韓国風冷麺を食べ気分よく談笑した。彼らは何の縁故もない新天地の借地・借家で農を営み、無農薬無化学肥料で、トラクター、コンバイン等の大型機械も使わず、米・野菜を作り、乾燥も天日だとか。味噌、どぶろく等も作っている。

五日（月）、風雨が徐々に強まる。台風十四号が近づいていた。十三時、畑さん宅に行く。総勢六人、現場に向かった。シュレッダーダスト（廃自動車や廃家電を破砕し金属などを回収したあとのゴミ）が大量に不法投棄されているとか。熊ヶ畑の大通りから車で数分の国有林の中の原っぱだった。周りの緑は生き生きと濃いが、ここは茶色がかった薄緑、所々枯れ、土が露出している。いたる所に廃自動車のプラスチック・ガラス・ゴム等々が散乱している。表面に出ているのはごく一部で、大量の廃棄物が地中に埋められているようだ。

翌朝四時、だいぶ風が強くなり、トタン屋根がガタピシャと揺れている。それも悪いことに南東の風、ラジオをつけると、九州の西海岸を北上、東に進路を変え福岡方面へ、最悪のコースだ。ところが午前中、いよいよ直撃というところで、なぜかガクンと勢いが落ち一気に風は弱まった。

翌朝八時過ぎ、片桐さんから電話、サンタらしき犬がいたので家につないでいる。昼食後、妻と行った。やっぱり違った。少し大きめで白に焦げ茶、目が悪いようでショボショボ。性格は良さそうで、結局ここで飼われることになった。

十二日（月）夜七時、熊ヶ畑の長教寺に二十数人が集まり、例の不法投棄について話し合う。まず山田市に早急に事実を調査・公開し対策を講じるよう要求すること。住民組織を作り（後に「山田の自然環境を守る住民会議」となる）、代表を熊ケ畑公民館長の筒丸さんにお願いすること。とにかく多くの人々に現場を見てもらうこと等合意した。

翌日、主メンバーが市役所に行く。まず環境福祉課課長と、その後市長と会談、市と住民組織と協力して事に当たることを確認。翌午前中、営林署、保健所、市、不法投棄の疑いがもたれる林産業（すでに廃業）の関係者が現地に行く。午後、熊ヶ畑の主に若者たちが多数視察に向かう。

二十二日（木）、市議会で取り上げられる。二十三日、熊ケ畑活性化センターで第一回住民会議、ざっと四、五十人、筒丸代表の挨拶の後、畑さんから以下の経過報告。

山田市熊ケ畑、山田川上流（白木川）のすぐそばの国有地に、廃棄自動車等の焼却灰を主とする産業廃棄物が十数年前から投棄されていた。その量は十トンダンプで二、三千台分。市も営林署も保健所も知っていた。十年前、一九九五年の市の検査（成分分析）でこのゴミの山からヒ素、水銀が微量だが検出、鉛は国の基準値を超える二四〇〇ミリグラム／キログラム検出されている。営林署は入口に鉄柵をつけ、ゴミの山（つまりクサイ物）に真砂土をかぶせた。保健所の言い分は、一九九七年以前ならば、投棄物が千立方メートル未満であれば必ずしも違法ではない。

十月一日（土）、晴れ、午後四時過ぎ、下山田の伊藤さん宅に子犬をもらいに行く。母親はビーグル、八月二十四日生まれ、体長二、三十センチ、薄茶、丸々と太って優しいおっとりとした眼差し。名をモン（夢）とした。妻も私も寂しくてたまらなくなったのだ。それに山の中の一軒家に妻独りのことも多く無用心だ。サンタがいつ帰ってきてもいいように雌犬にした。モンに引き寄せられ戻ってくるかも。サンタの子ができるかもしれない。

土間のダンボール箱に寝かせたが、夜中うろつき回り時折小声で鳴いた。翌朝七時前、土間に下りると、小階段の下から出てきてうるさいくらいにじゃれついてくる。大変可愛がられていたよう。外に出て歩き始めるとヨタヨタと懸命についてきた。曇り時々晴れ、雨も、とにかく蒸し暑い。二度目の夜は静かだった。翌朝六時過ぎから二人と一匹散歩に出かけた。曇り、金木犀の香が漂い、セイタカアワダチの花の黄金色が勢いよく風に揺れ、草むらにはミゾソバの白が浮かんでいた。すでに山全体が枯れ始めている。まだまだモンはおぼつかない歩みで、ほとんど妻と私と代わる代わる抱いていった。

日一日とモンの歩みは確かになり、餌やりや卵取りに鶏小屋の中まで付いてくるようになった。まるで害意を感じないからか、鶏達は騒がずいつもの表情だ。元飼い主の伊藤さんが来てくれた時、最初は幼い声で一人前に吠えたが、すぐにわかって飛び込んでいった。郵便屋さん、ガス屋さん、飼料配達のおじさん……と誰にでも飛びついて愛嬌を振りまいた。

夏のような強い日差しの日が続き、家の前の枝がしなるほどに実った柿が本格的に熟れ始めた。モンは何でもよく食べグングン大きくなった。いつも元気いっぱいで私か妻について まわり、隙あらば飛び込んできて顔を舐めた。十月半ばを過ぎて、朝晩が急に冷えてきた。夜、土間のモンは寒くてウロウロ。私が寝床の箱を板で作っていると、モンは物珍しそうにそばでながめ、出来上がるとすぐに入った。気に入ったようで、その夜から中で丸くなり眠った。晴れた日中はいかにも秋らしい爽やかさで、銀杏が天の光のような黄一色に輝いている。

十一月二日（水）夜、丸太小屋の会があった。いつものメンバーにモンとニャン太郎も加わった。酒・料理は持ち寄りで、煮鯖、煮豆、山田名物・大塚肉屋の餃子、新米の握り飯、鶏鍋……。モンは大いにホステスとして活躍、小山さんの顔を舐めまくった。

地面を覆い尽くすほど銀杏の実が落ちた。屋根にも樋にも分厚く溜まり、雨水の流れが滞るほどだった。拾い集め、大きなバケツに入れ、数日水につける。皮がブヨブヨになって、草原にひっくり返し、足で踏んで実を取り出す。異臭が強烈だし、この汁が身体にかかるとひどい皮膚炎になる。モンがまといついて作業ができないので土間に閉じ込めると、今にも死にそうな情けない金切り声をあげ抗議した。お隣の配藤さんが何事かと駆けつけてきたほどだ。

十一月半ば、冬の気配、だがそう寒くない。晴れたら少し暑いくらいだ。柿がどこも豊作、車で走ると、山のあちこちに無数の真っ赤な玉がまるで花火のように浮かんでいる。誰も食べないのか、道路にケチャップのように落ち崩れた実も多い。日本人も味音痴になったものだ。モンは熟しがきが大好きで毎朝一番に柿の木の下に行く。

快晴の穏やかな午後、モンを病院に連れて行った。まず嘉穂町の川原で二人と一匹と散歩した。半年ぶりの川原での散歩だ。田んぼは見渡す限りほとんど空っぽで、うっすらと苔のような緑に覆われ、ポツンポツンと黄土色の稲の切り株とヒコバエが残っている。川の水は少なく、川砂が砂丘状に露出し、茶色に枯れた葦とカサカサのススキがかすかに揺れている。土手の葛の葉も枯れて縮み、アワダチの花も焦げ付いたような山吹色だ。

モンが小走りで尻尾を上げ前をゆく。もう四、五倍の大きさに成長し、全体に細長くなった。サンタに似ている。顔も大人に近づき、目の表情も繊細になった。いかにも優しげなのは相変わらずだ。

病院では彼女は優等生ぶりを発揮し、じっとおとなしく診察台に乗った。何も問題はない。わが家では初めてだが、フィラリヤ以外のワクチンを、それも十種全部打ってもらった。

十一月二十三日（日）午後七時過ぎ、「山田川の水を守る住民集会」が、山田市生涯学習館視聴覚教室で始まった。主催は「山田の自然環境を守る住民会議」で、ざっと二百人が集まった。ここまで市は力不足ながらそれなりに対応、十月二十一日には不法投棄現場の十八ヶ所を掘削調査、土壌の分析等行い、国や県にも迅速な対応を要請したが、不法投棄した業者はすでに廃業ということで責任は不問、すぐ下に川があり飲料水や田畑の汚染が危惧されるにもかかわらず、「最悪のゴミ」を撤去する動きはまったくない。

講師は千葉工業大学の八尋信秀さん。お上への陳情、お願いではだめ、住民側の土俵に上がらせなければ。そのためには住民自身で徹底的に事実を調べる。廃棄物に何が入っているか、成分を限定せずニュートラルに調べる。ダイオキシンはもちろんウランが入っている可能性もある。多くの人々への自分たちの言葉での情宣も不可欠。金もいる。住民自身が本気になって運動をつくっていかなければ行政は動かない。

十一月二十七日（木）、朝から雨、雷激し、モン動ぜず。昼間には収まり、午後は晴れ、山の上の渋柿を取った。葉はすっかり落ちた。丸太小屋に運び、ベランダで妻が皮をむき干した。気配を察してモンが妻を捜し丸太小屋の周りやベランダの下をウロウロ。彼女はまだベランダに行ったことがない。上からの妻の声にようやく気づき、尻尾を激しく振り全身で喜びを表した。

二十九日、一気に冬になる。曇り時々晴れ、激しく動く灰色の雲から漏れる泉のような日差しさえ冷たく感じる。野一面のミゾソバ、イヌタデ、ヨメナ等は霜に朽ち、葛やアワダチ草は焦げ茶に。銀杏や栗の葉が風にちぎられ舞い降りていく。晩生の栗、クヌギ、コナラ等の黄葉は盛りで、山じゅうが赤茶に湧き海底の珊瑚の大群のよう。

十二月三日（水）、土間の薪ストーブに火をつけた。橙色の炎、煙の香、枝木のはぜる音……じんわりと温もりが染み込んでくる。モンはもちろん初めての経験だが少し離れて気持ち良げに座っている。

四日は曇り、時折雪の混じった重い雨。鶏を五羽つかまえ、足を紐で縛り逆さに木に吊るし、包丁で頚動脈を切ると血が太い糸になって落ち、鶏達は羽を大きく上下しもがきやがて事切れる。モンは最初は興味を示し鶏に触れようとしたが、私が注意すると、すぐに諦め離れていった。熱湯に潜らせた後、羽をむしり解体。足を焼いてモンに一本与えた。彼女は大喜びでかじり、どこかに大事そうにくわえていった。

六日朝六時、闇に一面うっすらと雪、まずは熱い茶、モンも起きだしてじゃれついてうるさい。仕事にもついて回った。私が出かけた後は妻といつも一緒だったとか。雨の中での野菜取り。卵取りの時は小屋に入ってなかなか出なかったらしい。メリーと遊んだり、洗濯や洗濯物の片付けの邪魔をしたりと元気いっぱいだったそうだが。

その朝八時三十分、私達「山田の自然環境を守る住民会議」三十数名を乗せたマイクロバスと普通車は、山田市役所前を福岡市に向けて出発した。相変わらず全く無策、というより何ら問題なしと開き直った感の県（保健所）、国（森林管理署）への抗議のためだった。曇り、山々や田畑、家々の屋根は雪化粧だが道路は平常、それも飯塚まで。八木山バイパスは通行止め。国道二〇一で八木山峠に向かうも、延々と車が連なりほとんど動かない。十二月初めの積雪もだが、筑豊方面にあまり積もらず福岡方面に大量積雪とは異例のことだ。国道を戻り、若宮方面へ左折、途中トイレ休止し、犬鳴峠を超えて、十一時半、ようやく県庁に着いた。

地下の大食堂で定食を食べ、ロビーに戻ると人だかり、生命の源を汚染する不法投棄に関心を持つマスコミ関係者か？　とふと思ったがもちろんそんなことがあるはずもなく、やがて打楽器、金管、木管……と手に手に携えた溌剌とした女子校生たちが登場、演奏・パフォーマンスを披露した。「新世界から」、「ウエストサイドストーリー」の「アメリカ」……見事だった。この日の唯一の収穫かな……

十三時、一〇一号室に入った。対するは県環境部環境課・坂本氏と嘉穂保健所管轄・坂井氏。

確かに現在はシュレッダーダスト等の焼却灰は管理型の産廃場に外界と遮断して処分しなければならない（つまりダイオキシン等の猛毒が含まれている可能性大）。だが当時の法律では千立方未満であれば届け出の必要もない。例えば資材置き場などに置いていても必ずしも違法ではない。しかも現在、業者は廃業、廃棄物を撤去させることはできない。人体や環境への影響もみられず、県が撤去する責任もない（明らかな影響が出てからでは余りにも遅過ぎる。しかもろくに検査さえなされていない）。

地下水や河川、飲料水が致命的に汚染された時、あなた方は責任をとるのかと問うても、もちろん答はなかった。十四時終了。

十五時、森林管轄署（旧営林署）、相手は三人、こちらは六人が椅子に座り後は立って。

国が産廃業者に国有地を貸すことを、山田市は了解していた。しかも当時の法律では、焼却灰を野積みしても必ずしも違法ではない。よって国には一切責任はない。

つまり国民の財産であり生命の源である国有林をどんなに破壊しようが汚染しようが、法律に抵触したとみなされない限り国に管理責任はない。

「まさかこれ以上現場に真砂土をかぶせてごまかすことはないでしょうね」という問いへの答もなかった。

夕方六時前、山に帰ってきた。すぐに丸太小屋の会、いつものメンバーに畑さん、大西さん。水炊き、関サバの刺身、餃子、煮豆……。八時頃、土間に行ってみると、おとなしくモンは寝床に横になっている。はて？　いつもの彼女なら丸太小屋に参加したいと騒ぎまくるはずだが。妻も夕方、モンの動きが硬い、目が少し小さくなったかなと思ったようだ。持っていった鍋からペロリと鶏肉を平らげた。十時、丸太小屋から引き上げてくると、顔を濃厚に舐めてくれた。これが最後になった。

翌七日、朝七時半になっても起きてこない。呼ぶと、ようやく出るがよろよろ、足が動かない、抱くと全体に固く、足が突っ張っている。黒目が小さく弱々しい。食欲はある。だがわずかしか喉を通らない。すぐに嘉穂町の病院に向かった。妻に抱かれたモンはぐったり。まだ八時過ぎ、診察は十時からなのだがすぐに診てくれた。外傷も、毒物や異物を食べた様子もない。とりあえず血液は異常なし。神経がやられているが原因はわからない。筋肉を柔らかにし痙攣を防ぐ注射で少し楽になる。ペニシリンの注射も打つ。

家に帰って、鶏の内臓を焼いたのをやる。大喜びで飛びつき鍋をガタガタいわせて必死になって食べようとするが、ほとんど口に入らない。口のあたりの神経がおかしくなっている。全体の、特に足の筋肉が硬直してまるで木馬のようだ。なんとか水やミルク、流動食を少し食べた。

灰白色の空一面に忽然と牡丹雪が現れた。地面は褐色の落ち葉に分厚く覆われ、昨夜の雪は溶けようとしていた。その氷水の上に次から次へと雪は舞い降り、見る見るうちに全てが白一色に埋め尽くされてしまった。

午後になると、いよいよ食べられなくなった。それでも飼料配達のおじさんがトラックで坂を登ってくると、よろけながら外に挨拶に出かけた。

お願いだから良くなってくれと祈りながら卵の配達に出かけ、モンを上に寝かせるためのシーツと電気ストーブを買い、夕方四時過ぎ帰った。モンは土間の薪ストーブのそばの毛布の上に、まるで人間の子供のように斜め上に顔を向けぐったりと横たわっていた。薬も水も受け付けない。すぐに病院へ。

注射と点滴で少し生気を取り戻した。外傷がないので普通は考えられないのだが、症状からすると破傷風かもしれないと医者が言う。傷口等から侵入した菌によって神経が冒され全身の筋肉の痙攣を起こす急性伝染病で、死亡率は高い。ただ、傷口の消毒の徹底によって菌の侵入は防げるし、予防ワクチンもある。それだけに最近はめったに見られず、ワクチンも置いているところは少ないし、予防だけではなく治療にも力を発揮する血清はほとんど置いてない。人間用と同じとのことで、近くの外科に電話すると、ワクチンはある。これも血清ほどではないが治療効果もある。すぐに取りに行き注射を打ってもらった。

夜、妻の横に寝かせた。一晩中せわしない呼吸、鳴き声一つたてないが苦しそう。二回、薬を肛門から注入するが効かない。

翌八日朝、いよいよ生気なく痙攣と荒々しい呼吸、九時過ぎ、病院へ、点滴と注射で少し落ち着く。やはり破傷風だ。全身が硬直し木馬そのものだ。目もいよいよ小さくなりいかにも光が乏しい。血清しかない。病院があれこれと問い合わせるが無い。午後になりようやく見つかったが宮崎県都城、明日の昼しか届かない。こちらも福岡市の親友の薬剤師に電話、あちこちの病院に聞いてくれたが無い。果たして明日まで持つか、今だって……私がＪＲで都城まで行こうかと思ったが、全てうまくいっても明朝にしか帰りつかない。私が居ない間、モンの看病は無論、鶏の世話等々妻が何もかもやらなければならない。焦りまくり、疲れ果て、思考能力も落ちてきた。ここは腹を据え、腰を落ち着けて看病するしかない。

夕方、激しい痙攣、ますます呼吸荒く、目全体が白目に、細い目で睨みつけるよう。暗くなり、しばらく私が妻に代わってそばにいた。顔にそっと手を当てただ祈った。七時過ぎ、すーと、呼吸が楽になった。だんだん身体が柔らかくなった。寝返りもうてた。どうやら快方に向かっているようだと妻嬉しそう。

夜九時半、医者夫婦ジープで来られる。すぐに点滴、沈着な暖かみのある表情で男先生、まだわかりませんと言う。いつのまにかモンの顔が少年から青年のそれへと変わっていた。静かで知的でサンタそっくりの表情だった。

夜中三時半、また身体が硬くなり、舌が少し出る、顔が冷たい、だが静かだった。

九日、朝七時前五分、急に息が今までになくせわしなくなる。できるだけ動かさないよう妻がしっかりと抱き、病院へと戸口を出た時、息が止まった。車に乗った時、がっくりとモンの頭が妻の胸に沈んだ。一晩のうちに老成した穏やかな顔になっていた。七時四十五分。三ヶ月と十五日の命だった。

大空が灰色の膜のようだった。風と粉雪が斜めに激しく流れていく。家の前の枯れ木のような柿の木に、朱色の実が数個さがっていた。

わずか二日間だが、随分時が経ったような気がする。モンと過ごした楽しかった日々が、まるで私の少年時代のような遠い昔に思われる。

妻も私も無言で、とにかくやるべき仕事をし、とにかく飯を食い、茶を飲み、私は卵の配達に出た。

夕方六時過ぎから通夜。一升瓶と湯呑を持って、上の部屋のモンの横にあぐらをかいた。妻は土間で仕事を済ませている。一升でも二升でもひたすら飲み続けたいと思った。この青い闇の中に溶け込んでしまいたいと思った。モンの顔を見た。額に触れた。まだ生気が残っているような気がする。涙があふれてきた。私は子供のように声をあげ涙を流し続けた。

翌朝も寒空だった。家の南前の、グミと梨の木のそばに大きな穴を掘った。昼一時、モンを穴の底の毛布の上に寝かせた。伊藤さんが持ってきてくれた、モンの母親のそばにあったハラペコ青虫の縫いぐるみと花束、そして買ってきたばかりのケーキ二つ、食べたくても食べられなかった鶏肉、柿、うちの卵で作ったクッキーを添えた。

粉雪が宙に湧き、空《くう》に舞う。妻と私と土をかぶせ、盛土にして、木の墓標を立てた。

「モン（夢）、大地にかへり、天の風となる」

透きとほった風に
抱かれ
落ち葉のように
ねむり
いつの日か
天の光に芽ばう

どこからともなくサンタの心の声が聞こえてきたような気がした。なぜかこの時、スーと得心した。サンタはもうこの世にいないのだと。安らかに永眠っているのだと。

モンはサンタだったのかもしれない。

サンタは私の最後の青春だったのかもしれない。

完

あとがき

この一月から三月、まずドイツから Ms.アレキサンドラ（二十歳）、次いで台湾から Mr.福（三十三歳）、そしてフランスから Mr.フランソワ（二十九歳）が、わが雑草園を訪れてくれた。ウーフ（WWOOF）という世界的しくみがある。直訳すると「有機農場で働きたい人たち」。一日六時間働いてもらい、こちらは宿泊・食事を提供する。お金は一切介在しない。一週間から一、二ヶ月（今までの最長は三ヶ月）、家族として生活を共にする。二〇〇九年五月から、このホストを始めたのだが、沈みがちだった妻が水を得た魚のように溌溂とよみがえった。例外的にひどく疲れさせる人が来ることもあったが。

アレキサンドラは清楚で寡黙、誠実。厳寒期、早朝から、鶏舎の肥料出し、鶏の青菜やり、雪かき……と身を入れて、手を真っ赤にして働いてくれた。福さんは信頼できる苦労人タイプ。椎茸のほだ木切り、畑の肥料入れ……そして料理（ビーフン、水餃子等々）。アレキサンドラのジャガイモ料理等も加わって、わが家の食卓は一気に国際的になった。

フランソワの肉パイ、アップルパイもなかなかの本格派だった。彼はいかにも楽しげに畑や山で終日汗を流し、五右衛門風呂に気分よくつかり、妻が丹精込めて作った料理を存分に味わってくれた。わずか十日間だったが、ずっと一緒に住んでいるような、親しみ深い人だった。

それだけに、彼が旅立って、一気に空白が訪れる。三月半ば、風は冷たいが、空はどこか気だるく、雲は白く柔らか。梅は散り、ハコベ、ミツバ、ふきのとう……と野の緑が動き始め、オオイヌノフグリのちっちゃな青い花がハラハラと浮かんでいる。

二年前から、妻の母（八十八歳）が一緒に暮らし始めた。お地蔵様のような、我が道をゆく空《くう》の人、動かぬ人。何でも喜んで食べてくれる。過ぎるのを抑えるのに妻が苦労している。異と異の共存と言うは易いが実践はしんどい。彼女の存在のおかげで、わが家の平和がそれなりに維持されているような気もするのだが。

ニャン太郎は十歳、健在だ。四歳半の雄猫トラ次郎は、雨夜もネズミを捕えては妻の寝床に持ち込み、彼女の安眠を妨害している。

サンタ・モンが逝った翌年、放浪犬クロが雑草園の住人になった。雌、年齢不詳、身体は小さいが顔つきはまるで大人のように冷め切っていた。妻の献身的ともいえる世話によ

って、一年後、見違える程に優しく澄んだ表情になった。このクロによって、トラ次郎も、
二〇〇九年暮れ、生後二ヶ月でやってきた雌犬のハッサンも情愛深く育てられた。
二〇一一年の秋、山の主のようだった雌山羊のメリー（十歳）が眠るように土にかえり、その翌年の初冬の深夜、クロが姿を消した。

今も毎早朝、暗いうちから散歩に出る。相方のハッサンはラブラドルとビーグルが入った地元産の雑種、サンタより一回り大きい。

三月十一日の朝は心底冷えた。一面粉雪のような真っ白な霜に凍てついた野や畑を左右に、ハッサンは鶏山へ軽々と力強く登った。鶏は現在三百弱、二、三年後には自給用程度にさらに減らす予定だ。

あの終末を思わせる大震災、とりわけ原発による今も続く生命の根源の破壊。原点にかえりたいと痛切に思った。できる限り自分の食べるもの、生きるために必要な諸々を自身でつくり、自身の出したものを大地に返す。大地の営みに身をゆだねたいと思った。

ハッサンが狸か鹿か猪の気配を感じたのだろう。雑木林の谷底へと落ち葉を蹴散らし駆け下りていった。山の木々にほとんど動きはないが、小潅木の曲がりくねった枝々のそこここ

から、緑がかすかに湧き出ている。

今も脳裏をよぎる。川沿いの道をわが家に向かって帰路を急いでいるサンタの姿が。心がざわめく。

胸が締め付けられる。カタコトと激しく揺れる鍋の音に。モンが鍋に首を突っ込み懸命に食べようとしても、肉のひとかけらも口に入らなかった。

彼らは、全身全霊で生き、死んだ。

今も、彼らに一日一日生きていく力をもらっている。

二〇一四年　三月十一日

重松博昭（しげまつ　ひろあき）

1950年、福岡に生まれる。

1974年、大学中退、結婚したばかりの妻と新天地（約１ヘクタールの栗山）に移り住み、自給自足をめざし「シロウト農法」を営む。

現在、栗山は雑草園に、そこで暮らす鶏達の卵で最低限の収入を得ている。三人の子はすでに巣立っている。

著書『山羊と暮らした』（葦書房）、『われら雑草家族』（石風社）

野に生きる　サンタのいた日々

二〇一四年十一月十日初版第一刷発行

著　者　重　松　博　昭
発行者　福　元　満　治
発行所　石　風　社
福岡市中央区渡辺通二―三―二十四
電　話　〇九二（七一四）四八三八
ＦＡＸ　〇九二（七二五）三四四〇
印刷・製本　シナノパブリッシングプレス

＊表示価格は本体価格です。定価は本体価格プラス税。

中村　哲
医者、用水路を拓く　アフガンの大地から世界の虚構に挑む
＊農村農業工学会著作賞受賞

養老孟司氏ほか絶讃。「百の診療所より一本の用水路を」。百年に一度といわれる大旱魃《かんばつ》と戦乱に見舞われたアフガニスタン農村の復興のため、全長二五・五キロに及ぶ灌漑用水路を建設する一日本人医師の苦闘と実践の記録
【5刷】１８００円

中村　哲
医者　井戸を掘る　アフガン旱魃《かんばつ》との闘い
＊日本ジャーナリスト会議賞受賞

「とにかく生きておれ！　病気は後で治す」。百年に一度といわれる最悪の大旱魃に襲われたアフガニスタンで、現地住民、そして日本の青年たちとともに千の井戸をもって挑んだ医師の緊急レポート
【12刷】１８００円

ジェローム・グループマン
美沢恵子訳
医者は現場でどう考えるか

「間違える医者」と「間違えぬ医者」の思考はどこが異なるのだろうか。臨床現場での具体例をあげながら医師の思考プロセスを探索する医療ルポルタージュ。診断エラーをいかに回避するか――患者と医者にとって喫緊の課題を、医師が追求する
【5刷】２８００円

冨田江里子
フィリピンの小さな産院から

近代化の風潮と疲弊した伝統社会との板挟みの中で、多産と貧困に苦しむ途上国の人々。フィリピンの最貧困地区に助産院を開いて13年、苦闘の日々から人間本来の豊かさを問う
１８００円

麻生徹男
上海より上海へ　兵站病院の産婦人科医

従軍慰安婦・第一級資料収集。兵站病院の軍医が、克明に記した日記を基に、「残務整理」と称して綴った回想録。看護婦、宣教師、ダンサー、芸人、慰安婦……戦争の光と闇に生きた女性たちを、ひとりの人間の目を通して刻む
【2刷】２５００円

アビゲイル＆エイドリアン・アッカーマン
飼牛万里訳
おかあさんが乳がんになったの　〈絵本〉

乳がんになって髪の毛が抜けてしまったおかあさん。家族、友人、みんなに支えられた闘病生活を、九歳と十一歳の娘たちが描いたドキュメント闘病絵本。おかあさんが乳がんになって、家族の絆はより強くなった
１５００円

＊読者の皆様へ　小社出版物が店頭にない場合は「地方・小出版流通センター扱」か「日販扱」とご指定の上最寄りの書店にご注文下さい。なお、お急ぎの場合は直接小社宛ご注文下されば、代金後払いにてご送本致します（送料は不要です）。

＊表示価格は本体価格です。定価は本体価格プラス税。

石牟礼道子全詩集
はにかみの国

芸術選奨文部科学大臣賞　石牟礼作品の底流に響く神話的世界が、詩という蒸留器で清冽に結露する。一九五〇年代作品から近作までの三十数篇を収録。石牟礼道子第一詩集にして全詩集

【3刷】2500円

渡辺京二
細部にやどる夢　私と西洋文学

少年の日々、退屈極まりなかった世界文学の名作古典が、なぜ、今読めるのか。小説を読む至福と作法について明晰自在に語る評論集。〈目次〉世界文学再訪／トゥルゲーネフ今昔／『エイミー・フォスター』考／書物という宇宙他

1500円

阿部謹也
ヨーロッパを読む

「死者の社会史」、「笛吹き男は何故差別されたか」から「世間論」まで、ヨーロッパにおける近代の成立を鋭く解明しながら、世間的日常と近代的個に分裂して生きる日本知識人の問題に迫る、阿部史学の刺激的エッセンス

【3刷】3500円

斉藤泰嘉
佐藤慶太郎伝　東京府美術館を建てた石炭の神様

日本のカーネギーを目指した九州若松の石炭商。巨額の私財を投じ日本初の美術館を建て、戦局濃い中、佐藤新興生活館（現・山の上ホテル）を創設、「美しい生活とは何か」を希求し続けた男の清冽な生涯を描く力作評伝

【2刷】2500円

水上平吉
かずよ　一詩人の生涯

没後25年――ひとりの詩人がみずみずしく甦る。小学校の国語教科書に多くの詩が掲載されたみずかみかずよ（北九州市民文化賞受賞）。50代の若さで逝った詩人の生涯を人生の同伴者平吉が綴る。闘病歌集『生かされて』全文を付す

1500円

黒田征太郎［作］
火の話　〈絵本〉

火の神から火をあたえられたニンゲンたちと、火の神は約束をしました。「火を使って、殺し合いをしてはならぬ」。ニンゲンにとって「火」ってなんだろう？　戦争から原子力発電まで、宇宙や神話という永い時間の中で考える絵本

1300円

＊読者の皆様へ　小社出版物が店頭にない場合は「地方・小出版流通センター扱」か「日販扱」とご指定の上最寄りの書店にご注文下さい。なお、お急ぎの場合は直接小社宛ご注文下されば、代金後払いにてご送本致します（送料は不要です）。